牧野富太郎選集 5

# 植物一日一題

牧野富太郎

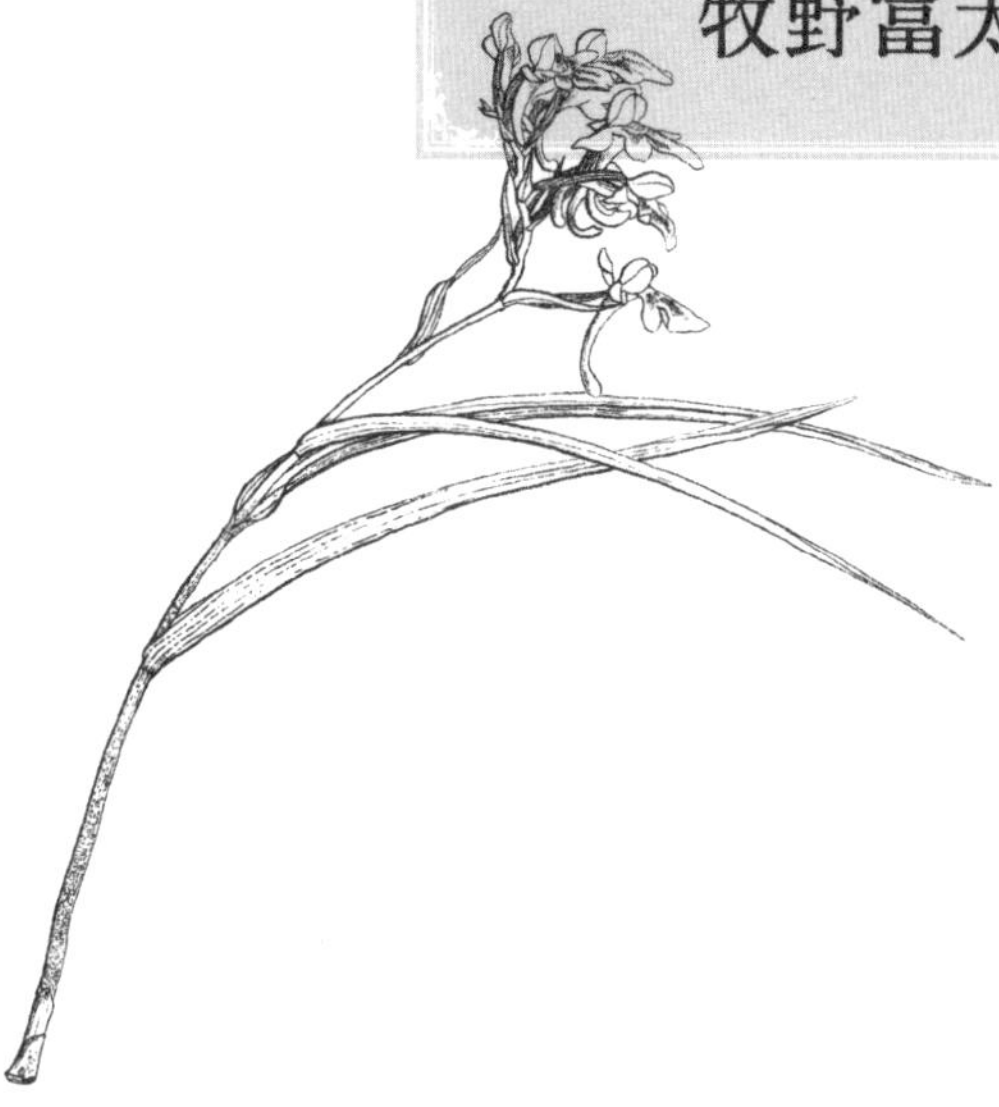

東京美術

牧野富太郎選集5　植物一日一題　目次

## 植物随想　II

# 植物随想

# II

# ひまわり日に廻らず

ひまわりは一にひぐるまと呼び、きく科の Helianthus annuus *L.* で北米合衆国原産の大形な一年草である。とっくに世界へ拡まり、昔支那へも渡りて同国ではこれを向日葵と称えまた西番葵ともいった。

陳扶揺の著『秘伝花鏡』巻の五、向日葵の条に

高さ一二丈、葉は蜀葵より大に、尖狭にして刻欠多し。六月に花を開く、毎幹の頂上只一花、黄弁大心其形盤の如し。太陽に随いて回転す。如し日東に昇れば、則ち花東に朝《むか》う。日天に中すれば、即ち花直に上に朝う。日西に沈めば、則ち花西に朝う。子を結ぶこと最も繁し。状草麻子の如くにして扁たし、只員に備うるに堪えて、はなはだ意味なし。但其日に随うの異を取るのみ

とあって、その花が日に従うて廻るのだと真実らしく書いてある。わが邦の学者輩この記事をうのみにしてまたそのとおりに信じ、だれひとり疑う者なく、そこでひまわり、またはひぐるまの和名も生じて今日におよんでいるが、じつはこの日に向こうてその花が廻るということはまっ

たくよい加減な想像で、そんな事実は決してない。あの首をかしげて側向せる盤状の巨大な頭花を望めばいかにも日をおうて回転するかのように感ぜらるるので、たぶんそうだろう、が、そうだ、となったものであろう。嘘と思わば、天気の好い日に花の傍で一日立ちつくしてその花を見つめていればすぐ分かる。まだ花を開かずごく嫩い蕾のときはその質が軟らかいので、少しは日に向こうて傾くようであると兵庫県西宮市立高等女学校の山鳥吉五郎君が話しておられたが、そういう性質は他の植物と同じように多少は必ずあると思うが、それはすこぶる軽微な現象であろう。

張路玉の著『本経逢原』という書の巻の二に出ている向日葵は、あおい科の葵すなわちふゆあおい（Malva verticillata *L.*）のことで、きく科のひまわりの向日葵と名を同じうしてじつはその物を異にしている。このふゆあおいの葉が日に傾き向こうて日光をさえぎりその根元を照らさしめぬので、あたかもそれに思慮があるように見えるから、それでその植物を葵というのだそうだ。すなわち葵は揆であって、智もってこれで揆《はか》るなりといわれている。すなわち誠があってわが株の根を日に照らさしめずこれを保護しているという意である。これを向日葵というのはこの意味から来た名であって、これは花が日に向かうのでなく葉が日に向かうのを意味したものである。支那には「葵は猶能く其の足を衛る」、「葵は葉を傾けて日に向かい以て其の根を蔽う」、「葵葉日に向かい其の根を照らさしめず」また「葵葉日に傾き其の足を照らさしめず」の語が書物に出ている。つまりひまわりの向日葵はその花が日に向かうけれども、葵の向日葵はその葉が日に向かうのだというのである。日に向かうということは同じでも、葉と花との相違がある。西洋ではこのひまわりを俗に Sunflower（太陽花の意）と呼んでいるが、これまたその花が日に従うて廻り、朝は花が東旭日に向かい、夕は西落暉に対するのだと思い込んでそう名づけたものだという人がある。そう想像せられた思想がこの草とともに支那に入って、そこで向日葵の名が生じ、かつ支那でもこの花が日に向かって廻るのだとのことを信ずるにいたったものではなかろうかと思う。こんな所信の人から見れば、属名の Helianthus もまたこの随日の意味をもった太陽花であるわけとなるが、西洋でも右のような考えのみにとらわれていない者もあって、それは巨大な頭花の姿をわれわれの仰ぐ偉大な太陽にくらべている。

こちらの説だと、その花が日に向かうとか向かわぬとかいうのは問題ではなく、その円盤状を呈せる巨大な黄金色の頭花を太陽すなわち日輪に擬し、その頭花の周縁に射出して並んでいる舌状花をその光線になぞらえたものである。こうなるとその属名なる Helianthus はその花形が、単に太陽に似ているという意味のみで名づけたものと解しても別に不都合はないことになる。とにかくひまわりの一群は、そのきわめて巨大な頭花を有するひまわりを主とし、主品として、その他大小こそあれ、いずれもがその花を正面から見れば、その姿があたかも日輪に見立て得べきがゆえに、この属名はこれらの草の一群に対してまことにふさわしいものであるともいえる。

# 潮来出島の俚謡

あまねく人口に膾炙《かいしや》している潮来節の俚謡に

潮来出島のまこもの中に
あやめ咲くとはしをらしい

というのがある。この元謡《もとうた》を『潮来図誌』で見ると、その語尾の方が少々違っていて「あやめ咲くとはつゆしらず」となっている。これをその後だれかがこの「つゆしらず」を「しをらしい」と変えたのであろう。

この謡はまことによい口調でもあり、よい文辞でもあり、またよくその情調が浮かんでいるので、他の

きみは三夜の三日月さまよ
宵にちらりと見たばかり

恋にこがれてなくせみよりも
啼かぬ蛍が身を焦がす

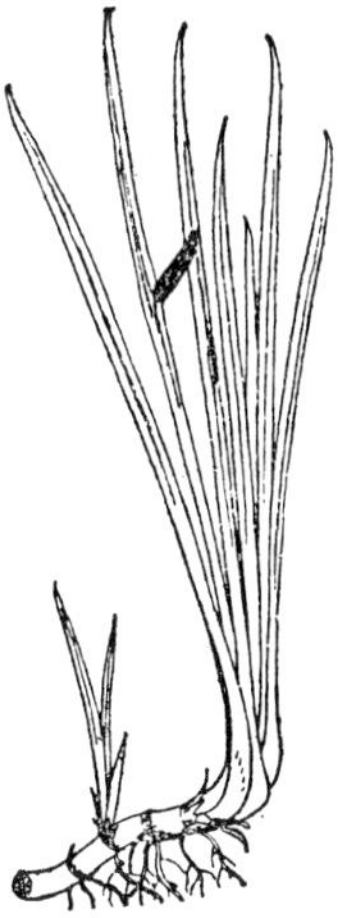

昔のあやめ＝今日のしょうぶ
（水に生えていて、陸にはない）
「ほととぎす　いとふ時なし　あやめぐさ　かつらにせむ日　こゆ鳴きわたれ」、「あやめぐさ　ひく手もたゆく　ながき根の　いかであさかの沼に生ひけむ」、「ほととぎす　鳴くやさつきの　あやめぐさ　あやめも知らぬ　恋もするかな」、などの歌のあやめぐさは、すなわちこの草を指したものである。

あるいは

恋のちわぶみ鼠にひかれ
　ねずみとるよな猫ほしや

などの同じく潮来節の謡とともに一般世間に拡まって、だれにも唄われる有名なものとなったわけである。

しかるにこの謡を実際から観察して批評するとしたら、その謡の中に用いてある名実に矛盾があって、その点からいえば決してこれは佳い謡とはいえない。しかしそんな野暮天なことはいわずに、普通一般の人々が思っているように承知していれば、それはまことに佳調の謡であるといえるであろう。それを今私は実物の上から観て、物好きにもいささかこの謡を批評してみたいと思うが、こんなおせっかいはこれまでまだだれもがこの謡に対してしたことはなかったであろう。

さてこれを批評するにはまず少々予備知識がいる。すなわちこの謡の中に採り用いてある名物なる植物には二つの種類があって、その一つはまこも、他の一つはあやめである。まこもは菰で昔からかつみの名のあるものである。これはなんら問題をひき起こさない決まりきった水草で、どこでもよく水中に生じており、したがって水郷には付きものでここそこに盛んに生い茂り、そこにはなくてはならない大形の禾本である。あやめはこれに二つの厳然たる区別のあることを知らねばならぬ。すなわちその一つは昔のあやめで、今日はこれをしょうぶといっている。すなわち五月の端午に用うるしょうぶである。これは水中に生ずる水草であるからまこもと一緒になって生えていることはあるが、決して陸地には生えていない。ただし水が引き去って乾いたときは、その跡の泥地に残って生活していることはあるが、それはただ一時的のものである。その花はまことに不顕著なもので、素人がちょっと見てはどこに花が咲いているか分からぬくらい目立たぬものである。すなわち葉と同色な緑の細かい花が円柱状の穂に集まり付き、それが葉と同じ緑の茎の横のところに斜めに突き出ていて、まあちょっと「グロ」な姿をしている。このように花穂が葉と同色ゆえいっこうに見る人の注意をひかない。

またその一つは今日称うるところのあやめで、これは陸地に限って生えていて決して水中にこれを見ることがない。ゆえに水に生えているまこもと一緒のところには見出し得ない。これはイリス属の一種で、同属のかきつばたやはなしょうぶのような美麗な紫花の咲くことはだれでもよく知っているところであろう。

さて右に述べた予備知識があればこの謡の批評ができるというもの、そこでこの「潮来出島のまこもの中にあやめ咲くとはしをらしい」との謡の中の「あやめ」を吟味してみる。ふつうの人はこれを、紫の美花を開く今日のあやめだと思っているだろう。そうでないと「しをらしい」の句が利かない。一歩進めて考えてみれば、この謡の作者もたぶんこのあやめその草を目標として、それを材料に使ったのであろうと想像せらるる。また『潮来図誌』を編纂した著者も、同じくこのあやめを念頭に置いたことは、その書の扉にある図がそれを証する。その図柄はすこぶる拙《つた》ないものではあれども、それはあやめのつもりで、そしてこの謡に関係を持たせて描かせたものということが推想せらるる。

そうするとこれは陸草で、決して水草のまこもと交って水中に生えてはいないから、「まこもの中にあやめ咲く」と唄っては事実に合わないことになる。この「あやめ」なれば「しをらしい」の点はいい。また実際この花であったなら、それはまったく「しをらしい」。この「しをらしい」点はいいが、前述のとおりこの草はまこもの中には決してないから、この点で困ることになる。これがもしかきつばたであったら、これは水に生えているからなんの問題も起こらぬが、しかしこのかきつばたには不幸にして、絶えて「あやめ」の名称はない。いやじつはこれはかきつばたであるが、それでは口調が悪いから、同類のあやめの名を仮に借用したのだと付会すれば無難だが、これはこの謡にしいて同情した考えで、それは万一そうであったらよかろうくらいのところである。前のごとくそのあやめは「しをらしい」では及第だが「まこもの中に」で落第だ。

それなら謡の中の「あやめ」を昔のあやめ（すなわち今日のしょうぶ）としてみる（図の品）。そうすると「まこもの中に」生えている点は及第だが「しをらしい」で落第する。この昔のあやめ（今のしょうぶ）の花は前に記したとおり、まことにつまらぬけちな花で「しをらしい」という気分は起こそうとしても起きないもので、もしこの花の実際の有様を知っている人なればだれでも、そうだとうなずきこれに反対するものはないであろう。

そら！　この謡のあやめが右の昔のあやめであったなら、微塵も「しをらしい」点をその花に認め得ないでしょう。また今日のあやめであったなら、決してまこもの中に生えてはいないでしょう。一方がよければ一方がわるく、向う立てればこちらが立たず、進退両難に陥ってにっちんとも行かなく、なんと考え込んでも実地から見るとまったく打開の途なく、どうも不都合な結果を馴致する。これによってこれを観ると、この有名な謡もじつは事実に背いたつまらぬものであるという感じが起こってくる。

草深いこんな鄙《ひな》にも意外、そこに珍しくも容色の優れた美妓がいて、それがひとしお「しをらしい」という情調の謡と見れば、なにもくどくどしく前に述べたようなやかましい理窟をいうにはあたらないというならそれでもよいわ。

# 谷間の姫百合という和名の植物なし

欧洲にも北米にも産するが、またわが日本にも生ずるきみかげそう（君影草）、一名すずらん（鈴蘭、らん科にも同名の植物がある）、すなわち *Convallaria majalis L.* をよく世間では谷間の姫百合と呼称しているが、元来そんな和名すなわち日本名はこの植物にはないのである。それゆえ「之を谷間の姫百合と云う」などと書いてある文章を見ると、いかにもその人の学識が浅薄であることが看取さるる。しかしどういう機会から谷間の姫百合というような名ができたかというと、これはこの植物を西洋では俗に Lily-of-the-Valley と称するからである。いまこれを邦語に訳すれば「谷の百合」であるが、この「谷の百合」を美辞的にしたものが「谷間の姫百合」であって、はじめてこの「谷間の姫百合」なる名をこしらえ、明治二十一年から同二十三年九月の間に四冊（完結）出版された西洋小説（原書は Bertha M.Clay 氏の Dora thorne である）の表題となして出した人は、青萍逸人の末松謙澄博士と孤松二宮熊二郎氏とであったが、二宮氏の名はただその第一巻に署名があるばかりである。単に書物の表題ばかりでなく文中にも「殊に谷間の姫百合などは何となく愛らしく人ずきのする花ではありませぬか」（第一巻第百三ページ）の句がある。この『谷間の姫百合』

なる小説は当時すこぶる評判であって皇后陛下にも献上して乙夜の覧に供え、かつだいぶ読書界を賑わしたものだ。それから後、農学博士川上滝弥、農学士森広両氏著の『はな』（後に『花』と改めてある）と題するかなり世人に歓迎された書物（明治三十五年一月初版発行）の中に、この草を賞讃する中にまたこの谷間の姫百合の名が出ているのであるから、それからだんだんとその名が人口に膾炙するようになってきて、今日では君影草もしくは鈴蘭の名は知らなくとも、かえってこの谷間の姫百合の名は人が知っているようになった。しかし川上氏は植物の学者であったから、谷間の姫百合を和名であるなどとは決していわなかった。すなわち同氏の文には下のごとく書いてある。

これぞ欧米にて谿間の姫百合と称へ愛でに愛でらるゝ野の花にて一茎を瓶に挿せば香気室に充ち風致亦愛するに堪へたり。谿間の姫百合なる床しき名ある此草になどて和名のなかるべき穂をなせる其花の形より鈴蘭の名は夙くも与へられ又の名は君影草俗の名は馬耳蘭と称へ漢字は米蘭に宛てぬ

といって谷間の姫百合は欧米の称えであるとことわってある。しかしおおよそ上に述べたような事情から、谷間の姫百合という名を呼ぶようになったが、それを知らずに谷間の姫百合を、堂々とこの草の唯一の和名でもあるように吹聴するのは、まことに不詮索のいたりであるといわねばならぬ。本来君影草だの鈴蘭だのいう優美な良き名が既にあるにかかわらず、これを顧みないで、

実物をも知らぬ文学者が一小説の書名として、そらに机上で訳した異国の名をもって実際にこの草を呼ぶの必要はどこにある。まことに笑止千万のことである。

文部省の高等小学読本巻一を見ると、その第十一課「西比利亜鉄道」のところに「美しきは平野満目の草花なり。駅毎に谷百合、忘るな草、桜草等の花束を売る」の文がある。ここには、きみかげそうを谷百合として出してあるが、これまた Lily-of-the-Valley の直訳名である。わざわざこんな直訳名をこしらえなくとも、この草には前にも述べしように既に優雅な君影草あるいは鈴蘭の日本名があるではないか。文部省は何を苦しんでこんな直訳名を用い、旧来の和名を放棄するのか。もし既に良き和名があっても採用せぬとならば、何ゆえに桜草の名もまたこれを棄てざるか。桜草は和名であって直訳名ではない。もしその洋語の Primrose を直訳すれば、早咲き薔薇である。君影草をことさらに直訳名の谷百合で用うれば、この桜草もまたその訳名の早咲き薔薇で用いねばならぬ道理ではないか。またここにある忘るな草は、これもまた洋名 Forget-me-not の直訳名であるが、この草はもとより日本に産しないからしたがって和名というものがない。それゆえこれを忘るな草と訳してそれを新和名とするのは、きわめて適当な処置である。この忘るな草は川上滝弥氏がその著の『はな』の中で始めて勿忘草、または忘れな草と訳したものであるが、このように忘れな草というとあまりに俗に流れすぎてよくないので、小学読本では忘るな草と直してあるがそれが本当であると思う。「予を忘るな」といわねばならぬのではないか。

# うきくさ

そよそよと吹きくる涼風を顔に受けつつ、じっと池面を見渡してまずわが眼に入るものはうきくさである。あの小さき体をしたうきくさも繁殖して相集まれば、いつとはなしに水面を蔽いそこここに群れなして浮かび漂うている。それには根はあれども、ただそれを水中に垂れているだけで泥に定着していないから、うきくさの体は自由に水面を移動するのである。水面に風渡ればその風の吹く先々へ寄り集いあえて一所に定住することがない。されば乙由《おつゆ》の詠んだ、

浮き草やけさはあちらの岸に咲く

という俳句もあれば、また

身を浮きくさの定めなき

などの文句もある。

このうきくさに通常二種あって、その一つをうきくさ、他の一つをあおうきくさと称えるが、しかしうきくさの称はまたその総名として用いられる時もある。今これを漢名で書けば水萍また浮萍であるが、それを上のように二種に分かつと、うきくさが紫萍で、あおうきくさが青萍である。

この紫萍の方のうきくさは昔はかがみぐさ、たねなし、あるいはなきものぐさなどと称えて歌にも詠んだものである。小野小町の歌の

まかなくに何をたねとて浮き草の波のうねくおひ茂るらむ

は種子を蒔かぬのになぜかくも水の面に盛んにできているだろうかといぶかったものだ。これはふつうの人々はだれでも小町と同感であろうと思うが、植物学者はさすがはそこは心得たものでこんな場合でもそうびっくりすることはない。すなわちそのわけを解りやすく言おうなら、それは次のようである。

あのうきくさの円い葉状体はあれは葉ではなくてじつは茎である、すなわち扁たくなった茎である。それなら葉はどこにあるかというと、この植物にはその葉はほとんど発達しないでまず葉がないといっても差支えのないくらい不顕著なものである。あおうきくさの方はその全体が緑色であるが、うきくさ（なきものぐさ）の方は上面が緑色で、下面の水にもぐっている方は紅紫色である。小町の歌の品はこの方をいったものだが、この品は冬は水面には出ていないゆえに、冬の池面は鏡のようで何ものもない。しかるに春になるとそこにいつとはなしにうきくさが現われてくる。夏に入るとそれがますます繁殖して水面を蔽い、秋になっても夏と同様である。それから気候がだんだん寒くなって冬に入らんとする前になると、それが漸次に衰え日を経るままに再び水面に何ものも残さぬようになり、そのうきくさがいつどこへ行ったかいっこうに分からなく

なる。それはどういう理由?

右のうきくさは春、水面に出現するや否やすぐ新体を母体から芽立たせて分離を始め、分離また分離でその体を殖やし、これが春から始まって秋の末、冬の初めまで数ヶ月の間連続するがゆえに、一が二となり三となり十となり百となり千となって数限りもなくその数を加えゆく。その葉状体はいつも三、四片ぐらいずつ集まりつながって浮いており、その下には各片ともみな数条の根を垂れている。夏秋のころにはその体側にごく微小な花がたまに出で、したがって微細な種子ができるけれどもあまり小形なものゆえふつうの人々はだれもそれには気が付かない。この種子からも無論苗が生ずるわけなれど、その体を殖やしていくのは主としてそれが分けつして繁殖するによるのである。冬に入らんとすると日をおうて気候が寒くなるので、その生長が困難になる。そこで始めてその生命を翌年へ持越さす用意を始める。すなわちその浮いている体から最後に分れた一茎体はその比重が水より重い。しかしその母体がつながっている間は母体に連れられ共に浮いているが、一朝それと離れるが最後たちまち水底に沈んでそこの泥上に横たわる。このときその水底を覗くと、ちょうど小さき碁石形をなしたものがそこに静かに散在して眠っているのを見ることができる。この沈んでいる間が冬で、このときはその水面は綺麗でそこにはこのうきくさの姿はない。しかしあおうきくさにあっては沈むもの極めて少なく、その多くは冬も依然として水面に浮いているが、冬なるがゆえに夏よりはずっと衰えている。右の水底に沈んで冬眠している体は、年が春と回りて水の温むころになると一斉に眠りより醒めて前年の舞台なる水面に浮かび出で、さっそくに再び繁殖を始めそれからそれへと分家を増し、日をおうて水面をわがもの顔に占領してゆく。上のごとくその水底の体が水面に浮き出す理由は、それが水底にあるとき、時いたればその体中にガスが発生してそれを軽くするがためである。右のような訳がらが分かればしたがってうきくさの冬に見えぬ理由も、また小町の歌への解答もでき、かつうきくさについての常識的知識もできるというものである。

あらかじめこの知識を用意しておいてつらつら水面の浮萍を眺むるとき、この蕞爾《さいじ》たる小草にも吾人は無限の感興を催すのである。

# あじさいは日本出の花

あじさい（昔はあづさいともいった）は、けだしもとわが日本でできた花のようである。ふつうの人はこれは支那から来たもののように思っており、特にこれに紫陽花の漢名が当ててあるからなおさらそう考えているようである。しかし紫陽花をあじさいとするのは非で、これはじつにより加減の当て方で正鵠は得ていない。それはちょうど燕子花をかきつばた、馬鈴薯をじゃがたらいも、杜若をやぶみょうが、欅をけやき、梓をあずさとするの類で、その妄断まことに笑うべきものである。あじさいはもと支那になく日本から入った花であるから、同国では天麻裏掛あるいは瑪哩花といっている。『漳州府志』に

瑪哩花は日本に出づ、花は繡毬の如く大きさ七八寸ばかり、初め開けば色青く数日にして淡紅又数日にして転じて藍、又雨後の青天色の如き者あり、一朶開きて月余ばかり或いは数月を経て謝せざる者あるが但顔色減ずるのみ、卉本と為す

とあり、また『花暦百詠』に天麻理掛の下に

花は粉団と異なる無し、初め開くや緑色既にして大いに放らけば白くして脂の如く碧くし

て黛の如く艶なること黄華の如き者あり、濃なること燕頷の如く淡なること青蓮の如き者あり、両色平分して合璧の如く五色相間わって繍毬の如き者あり、一樹の中光恠陸離迴かに羣芳に異なり洵に閩南の琪樹海外の瑤葩なり、近ごろ武彝諸名峰亦常に之を見ると註してある。また一八六六年に支那で出版になった W.Lobscheid 氏の『英華字典』には、あじさいの Hydrangea hortensis を洋綉球とし、一八七二年に同国で出版になった J.Doolittle 氏の『英華萃林韻府』にも同じく Hydrangea hortensis を洋繡球としてあり、この洋は他邦を意味したもので、これで見てもあじさいが支那のものでないことが分かる。そして上の『漳州府志』、『花暦百詠』両書の文中に見ゆる支那の粉団、繡毬もまたあじさい同族の酷似品であり、姉妹品の八仙花はわがが〔ママ〕くあじさいの一類であるが、わがあじさいとは別のものである。私の考えでは、わがあじさいはその樹状葉状から推想して、けだしがくあじさいを親として生まれたものではないかと想像するが、なおだれでもその生まれ出た径路について研究した人はおそらくないであろう。そしていずれの書物にもいっこうそれに触れた記事がないようである。なおわが邦に一種のあじさいがあって人家に栽植せられており、私はこれをひめあじさいと呼んでいるが、それは多少小柄でなんとなく優美な一品で、ふつうのあじさいと外観はすこぶるよく類似し一見ほとんど見分け難い姿を呈しているが、この品はその系統まったくあじさいと違って、野生のある品から生まれ出たものであると信ずべき理由をもっている。

がくあじさいもまた日本出の一種で、ふつうには人家に栽植してあれどもまた房州辺には海に近き地に野生している。一にがくそうとも称えられ、またがくばなともいわれている。また略されて単にがくとも呼ばるることがある。このがくは額すなわち扁額のことで、それはその繖房状をなせる花穂面を額にたとえ、その周辺の蝶形花を額縁と見なし、中心花を額面になぞらえたものである。前田曙山君の著『園芸文庫』にこれを萼としてあったがそれは額であらねばならぬ。

# シリベシ山をなぜ後方羊蹄山と書いたか

松浦竹四郎の著に『後方羊蹄日記』と題する一冊の書物があって、これを「シリベシ日記」と訓む。書中に雌岳《マチネジリ》なる知別岳を後方羊蹄と書いてある。すなわちこの後方羊蹄はシリベシと訓み、後方羊蹄山はシリベシ山というのである。

かくシリベシを後方羊蹄と書くのは、いかにも奇抜しごくな字を当てたもので、これはよほどヒョウキンな書きぶりであることを失わない。

そもそもこのシリベシという地名へ後方羊蹄の字を当てて書いたのは、昭和十三年をへだたる千二百十八年前、すなわち元正天皇の養老四年に舎人親王の編纂せられた『日本書紀』（略して『日本紀』とも称する）巻の二十六、斉明天皇五年のところに「後方羊蹄《シリベシ》ヲ以テ政所ト為ス可シ」と記してあるのが初めてであって、これでみるとずいぶん古くこの字を使用したものである。すなわちこれは後方がシリへ（すなわち後《うしろ》）、羊蹄がシである。このシリベシ山は北海道後志《シリベシ》の国から胆《イ》振《ブリ》の国にまたがって聳ゆるマッカリヌプリのことで、一に蝦夷富士と呼び昔から著名な高山である。

そこでその後方をシリへというのはこれはだれでも合点がゆきやすいが、その羊蹄をシとするのはまず一般の人々には解りにくかろうと想像するが、それもそのはず、これはじつはシと称する草の名（すなわち漢名）であるからである。すなわちシリへの後方と、シの羊蹄との合作でこの地名を作ったものである。

この事実を呑み込めない古人の記述に左のごときものがある。これは山崎美成の著わした『海録』の巻の十三に引用してある、牧墨僊の『一宵話』の文で、すなわちそれは左のとおりである。

東蝦夷地のシリベシ嶽は高山にして其絶頂に径り四五十町の湖水ありその湖の汀は皆泥なりその泥に羊の足跡ひしとありといふ奥地のシリベシ山を日本紀（斉明五年）に後方《シリベ》羊蹄《シ》とかゝれたると此蝦夷の山と同名にして其文の如く羊の住めるはいと怪しと蝦夷へ往来する人語りし誠に羊蹄二字を日本紀にも万葉にもシの仮字に用ゐしは故ある事ならん。

右の文中、万葉にも、とあるは万葉集巻の十にある

毎年《としのはは》、梅者開友《うめはさけども》、空蟬之《うつせみの》、世人君《よのひときみ》羊蹄《し》、春無有来《はるなかりけり》

上の『一宵話』の著者は、既に述べたようにシの場合に羊蹄の二字が使ってあるその訳ががらいっこうに判らなく、また『万葉集』のその後の解説者も、シの羊蹄が一つの草名であることには気が付かずにいるようだ。

元来羊蹄とは、前にいったように一つの草の支那名、すなわち漢名である。この草は支那と日本との原産植物で、日本では昔にこれをシと称えた。またシブクサともいった。すなわち源順の

『倭名類聚鈔』に出ているとおりである。そしてその根はシノネ（シの根）ともシノネダイコン（シの根大根）とも呼ばれて薬用に供せられ、今日民間でもときとするとその肥厚している黄色の根をわさびおろしですりおろし、これを酢で練ってインキンタムシの患部に伝え、これを療することがある（同属のマダイオウも同目的に使用せられる）。

この品は野外に多い大形の宿根草で、タデ科に属する一つの雑草である。小野蘭山の『本草綱目啓蒙』巻の十五に左のとおりその形状が書いてある。

水辺ニ多ク生ズ葉ハ狭ク長ク一尺余コレヲ断バ涎アリ一根ニ叢生ス春ノ末薹ヲ起ス高サ二三尺小葉互生ス五月梢頭及葉間ニ穂ヲ出シ節ゴトニ十数花層ヲナスソノ花三弁三萼淡緑色大サ一分許中ニ淡黄色ノ蘂アリ後実ヲ結ブ……この実ヲ仙台ニテノミノフネト云後黄枯スレバ内ニ三稜ノ小子アリ茶褐色形蓼実ノ如シ是金蕎麦ナリ根ハ黄色ニシテ大黄ノ如シ。

これでその草状がよく分かるでしょう。そしてその葉は食えば食えるとのことを聞いたが、私はまだこれを試みたことがない。支那の書物の『救荒本草』には、飢饉のときに際してはその嫩き苗葉を採り、ゆでて水に浸してその苦味を淘浄し、油塩に調えて食することが書いてある。

六月頃にその実の熟せしときを見はからいそれを採り入れて乾かし、ソバ殻の代用としてこれを茶枕に入れ用うることがあるので、私もこれを実行してみたことがあったが、しかしこれはふつう一般には行なわれていない。

上に述べたようないきさつを承知すれば、シリベシ山を後方羊蹄山と書いたわけがよくのみ込め得るであろう。

# ユリ談義

わが国では、従来本草学者でも、また植物学者でも、日本産のササユリを中国の百合そのものだとしており、またユリ一般をも同じく百合だと認めているけれども、じつをいうと百合はササユリでもなければ、またユリでもない。

それでは百合とはなにものであるのかというと、それは中国原産のハカタユリのように思われる。この品は葉がひろく、白い花が横向きに咲いており、中国ではふつうに山野に見受けられるものであるらしい。すなわち、これがあるいは『汝南圃史』という書物にでている「天香」かも知れない。

百合と称するものについてのいきさつは、このようなことであるから、この百合をユリとか、ササユリとか訓ますことは断然止めねばならない。

さて、ユリという日本名は、今は日本産のユリ属全体の総名のようになってはいるけれども、たぶん昔はただ一種か二種かぐらいの名であったのではなかろうか。私の考えでは、恐らくごくふつうに見るオニユリとかササユリなどが、その的物であったかのように感ぜられる。

そして、そのユリなる語原は、あるいは朝鮮語から来たものではないかとも唱えられ、あるいはまたその茎が高く伸びてその先端の方に大きな花を着け、風が吹き来ればその茎がゆらゆらと動き揺れるから、それでユリすなわち「揺り」の意からだともいわれている。

また、ユリはサヰと呼ばれる古名があるのだが、学者によってはそれはサユリの言葉が約されて、サヰになったのではないかといわれる。しかし、ユリの反しはイであってヰではないから、その辺はどんなものか、ちょっと首が傾けられる。

ササユリは日本の特産であるが、オニユリは中国と日本とが原産で、中国では巻丹といわれる。すなわちそれはその花が丹赤色で、花弁（正確にいえば花蓋）が反巻しているからこの名がある。日本では諸州に野生があり、かつまたもっともふつうに栽培せられているが、それはその花を賞するというよりはむしろいわゆるその「ユリ根」を食用にするためである。

万葉集にでてくるユリの花は、自然界実際の観察から推してみると、オニユリとササユリとがその主品で、次にヒメユリであり、またその次がコオニユリという順序であるように思われる。

今日通称せられているヤマユリは古くはササユリともいわれているから、この両者を混同視してはならない。私の考えるところでは、前者のヤマユリは万葉歌とはおよそ縁の遠いもので、さほど関係のないものだと思う。

今日の人々はすぐこのヤマユリを持ちだすが、これはユリの種類の有様に通暁せぬ半可通の人のすることである。このヤマユリは関西地方にはわりありに稀で、決してふつうの品ではなく、ただところによってのみわずかにこれを見得るにすぎない事実を知っていなければならない。

今若干の文献に徴すれば、徳川時代から明治の初年にわたって、この種にはおもて立ってヤマユリの通称はない。したがってそれはそれ以後以来の名だと考えるのが至当な見解でなければならない。

しかし、ある地方の方言として、ときにはその土地の人がヤマユリの名を呼んでいたことがないでもなかろう。けれどもこのユリには早くから関西方面でそれに、リョウリユリ、ホウライジユリ、エイザンユリ、タムノミネユリ、ウキシマユリなどの呼称があった。また、ハコネユリの名もあった。

要するに、この種をふつう一般にヤマユリと呼ぶようになったのは近代、すなわち明治初年時代以後のこととみてよろしかろう。それは東京四隣の地にこのユリが多いからである。

いったい百合とはどういう意味であるのかというと、それはその「ユリ根」の球が百の鱗片をもって合成せられているからだというのである。そして、百は数の多いことを意味している。すなわち、この鱗片が層々鱗次し、もって一つのタマを形作っており、その鱗片はごくごく短縮した地中の直立茎に群がりついている。そしてその短い地中茎を植物学上では鱗茎と称するのだが、これはユリの地下茎、すなわち根茎である。この地下茎の下部からは多数の鬚根が出て球を地中に定着し、かつ地中から養分を吸い取っている。地上に立っていて葉を着け、花を開く一本の高い茎は右の地下茎から出ていてその茎脚部は鱗片がこれを擁している。

この鱗片は地中にあって、葉の変形したもので、その目的は養分貯蔵の役目を務めている。ゆえに肉が厚くて、肉中に澱粉を多量に含んでいる。今この鱗片をばらばらにして地に並べ、もしくは地に散らして埋め栽えておくと、その各片の基部から新たに小さい芽を吹き出し繁殖するから、ユリ類を殖やすにはなんの造作もなく、ごく簡単で容易にその目的が達せられる。

特にオニユリは、その葉の腋にあたかも実がなったように紫黒色の小肉芽ができ、このものからでも新株を作ることが可能である。このユリは育てるに容易であるから、大いにこれを栽培して、その上品な美味を賞したらよいのであろう。しかし惜しいことにはオニユリの鱗片にはその性質として多少の苦味がある。

日本で、ユリの王様はササユリであるが、輸出ユリの王様は、ヤマユリとテッポウユリとであった。日本と中国とはユリ類の宝庫で、その品種の多いことは他国のおよぶところではない。

そして世界のユリ類のもっとも立派な図説はエルウェス氏の『ユリ全書』なる大冊である。これは英国での出版で、世界中のユリに関してはこれに匹敵する書物は一つもない。じつにユリ書物として疑いもなく一つの偉観である。

前記のように、日本もユリについては世界に誇り得る国であるから、右エルウェス氏の書物ぐらい、いやそれよりも優れた『日本ユリ図説』ができねばうそだ。しかし資金さえあれば、私だって作れんことはない、自信はたっぷりと持っている。どうも日本人は一般に学問に理解がなさすぎるから、金は懐に持っていても容易にそれを提供する太っ腹の人はまずなかろう。そこがアメリカなどとは大いに相違するところで、日本文化のおくれがちなのはそこにも一つの病根が潜んでいやせんかと公言しても、うそではございません。

# 珍名カッペレソウ

動物にヘッピリムシというおかしな名のものがいるかと思うと、植物の方にはカッペレソウというのがある。

カッペレソウは、ヘッピリムシのように屁とは縁はないが、この二つの名は共にだれをもへへへと笑わせる賑やかな味を持っている。

このカッペレソウの名は、今をへだたること二百四十四年も前の正徳二年にものされた寺島良安の『倭漢三才図会』巻の九十八にカツヘラソウの名で出ている。そして俗名ヘネレンソウとしてある。

なお『倭漢三才図会』より、二、三年さかのぼって、寛永六年に貝原益軒によって著わされた『大和本草』には、「ガッテイラ・ヘンネレス」という名がある。この両書の指すところの草の正体は相異なっているようであるが、このへんてこな名の由来は同系のものである。この珍な名称は、享保十一年に出版された松岡玄達の著『用薬須知』にも出ている。この本ではカツヘレソウとなっている。このカツヘレソウが、カッペレソウと発音されるようになったものであろう。

またこの草を、カッペレヘネレス、あるいはカツヘレヘンネレスと書いた人もある。このようなへんてこな名の持主はいったいなんであるかと探ってみると、それは今日のヌリトラノオを指したものである。この植物は、諸州の暖地樹陰に生ずる常緑の一羊歯である。

カッペレソウの名は全体何から出たのかと想像してみると、たぶんこれは、「カピルス・ヴェネリス」なる種名から出たのであろうと思われる。この羊歯は欧洲では極めてふつうの品であり、わが国ではよく温室に見られる。またわが日本西南暖地では野生もあって、和名をホウライシダという。この羊歯は、ヌリトラノオとは大いに異なっているけれども、昔の不案内時代にはこれを混同したものであろう。

ホウライシダなる「アジアンタム・カピルス・ヴェネリス」は、昔欧洲では利尿剤ならびに祛《きょ》痰《たん》剤として薬効があると唱えられていた。そしてその後、この羊歯の生葉を原料として頭髪洗滌《せんでき》剤がつくられるようになった。この洗滌剤は頭髪の生長を促進旺盛ならしめるというところから「処女の髪」なる意である「カピルス・ヴェネリス」の種名が生じ、したがってこの羊歯は俗に「処女髪シダ」と呼ばれるようになった。

# サフラン渡来考

今頃になってもまだ、「サフランは、昔オランダから来た」などと書いたり、言ったりしている学者がいるのは情けない。そこでここにいささかその蒙を啓いておこう。

今日サフランといっているのはアヤメ科の植物クロッカス・サティブスで、著名な薬用植物の一つにかぞえられている。

ところが、昔いったサフランは、今日のこのサフランとは全然違うまったく別の植物なのである。今日のサフランとは科も異にする。昔はある一種の草をサフランと間違えてこう呼んでいたのである。

このようにわが国にはサフランに新旧の別があって、昔のサフランと、今のサフランとが二つある。今日のサフランはアヤメ科であるが、昔のサフランはヒガンバナ科に属する。そしてこの昔のサフランは、今日これをサフランモドキと呼び、真正のサフランと明確に区別されている。

このサフランモドキの名は明治八年に当時博物局在勤の小野職愨《もとよし》氏によって名づけられたもので『新訂草木図説』にそう出ている。この小野氏は、かの有名な小野蘭山五代の後裔である。氏は明治二十三年十月二十七日に年五十一歳で東京神田末広町の自邸で歿し、今はとく既に故人となった。

このサフランモドキは、前にも記したように昔は単にサフランといったが、またこれをバンサンジコ（蛮山慈姑）とも、またバンサンサンジコ（蛮産山慈姑）とも称えていた。

それゆえ、このバンサンジコ、ならびにバンサンサンジコを真正な本当のサフランと思ったらこれはたいへんな間違いである。

今日の書物でこの明らかな間違いをあえてなしているものに、白井光太郎博士著の『植物渡来考』がある。

白井博士は、種々な文献を渉猟してこの書を作られたが、このような事がらを記述することは同博士の得意の擅場《せんじょう》であった。

それにもかかわらず、上記のようにその事実を間違えられたのは、諺にいう「猿も木から落ちる」、「弘法も筆の誤り」で、ひっきょう同博士千慮の一失であるといえる。

このようなことには信用のある博士のことでもあれば、だれもその書中の記事に疑いをさしはさむ人はないであろうから、このような書中の誤りには特に注意すべきである。現に『東京史稿』の「遊園篇」にも同書の記事を転載して、著者と同じくその誤りをあえてしている事実がある。

白井博士は昔のサフラン、つまり今日のサフランモドキを真正のサフランと誤認し、またバンサンジコを真正のサフランの一名と誤解している。そこで『植物渡来考』には真正のサフランが天保年中に日本に渡来したということになっている。

この天保年中（じつは天保直後の弘化二年）に来たといわれるものは、それは疑いもなく真正のサフランではなく、今日いうところのサフランモドキであって、当時の人はそれをサフランだと誤認していたものである。ゆえにバンサンジコも、バンサンサンジコも疑う余地もなくみなサフランモドキの一名とならねばならないのである。

このように、白井博士は昔の人がみだりに呼んでいたサフランを真正のサフランと信じたのである。その結果『植物渡来考』にはさらにサフランモドキの項が設けられてあるが、そこには、この植物について明らかにせねばならぬはずのなんらのいきさつも書いてない。

真正のサフランは、文久の末年にはじめてわが国に渡来したもので、それ以前にはその生本は絶えてわが日本にはなかったのである。この事実は『植物渡来考』の書中には見られない。真正のサフランは明治四、五年頃に再びその生本が来、さらに明治十九年に実用の目的で同じくこの生本が輸入せられている。

# 地耳

地耳というものがある。これは漢名であって、中国の諸書にこの名がでている。一に地踏菜とも、また地踏菰とも書いてある。

従来、わが国の学者は、これをキノコの一種であると断じた。松岡恕庵、小野蘭山は共にこれをクロコ（一名クロハナ、ジャクビ、ウシノカワダケ）にあて、岩崎灌園はこれにハイタケをあてている。

しかるに、この地耳は決してそのようなキノコではない。これは越中の方言でヂクラゲというものである。地耳は、京都の北地所在に多く産し、菜店では誤ってこれを加茂川ノリと呼んでいる。この加茂川ノリというものが地耳であることを喝破した人が京都にあった。それは山本章夫氏（亡羊先生の孫）ではなかったかと思う。がしかし、加茂川ノリを地耳とするのはいかがかと思う。次いで、田中芳男氏もまた同じく地耳をヂクラゲだと書いている。

このヂクラゲは淡水藻中の藍藻類に属する念珠藻科のネンジュモ属のもので、けだし同属中、もっともふつう品であるノストック・コンムネが、そのものであろうと思う。

この藻は、春から夏にかけて、ときどきところどころで見受けられ地面の上に生えている。寺院の庭や、芝地や、山地の廃田や、湿った山路などにあって、多くは群をなしている。雨のときなどは湿ればふくれて寒天状を呈し、あたかもキクラゲを踏みつけたような姿をなし、濁黄緑色を呈してびろびろとしているが、日が照って乾けば地面にへばり付いて、ちょうど乾いた犬の糞のようになる。しかしそれが一朝水にうるおえば、たちまちまたもとのふくれた形となる。またその形状、大小はすこぶる不定である。その寒天質の体中には無数の糸状体があって、この糸は球状細胞が一列につらなって念珠状をなしている。これは顕微鏡でなければ認められないほど細微なものである。そしてこれを念珠藻というのは、これが念珠に似ているからである。なお、この名は明治年間にできた名である。

この地耳は、もとより生鮮なときに食すべきものではあるが、しかしまた干し貯うればいつまでもそのままでいるから、随時これを水でふくらませて用うればよい。また、これを食うには三杯酢あるいは薑醋《きようさく》にするとよい。

琉球の八重山諸島では、これをハタケアサ（畠アオサの意）と称え、住民はこれを採って米とともに炊き食うとのことである。同地ではまたヂノリ（地海苔の意）ともヂーフクラ（地膨れの意）とも呼んでいる。

中国の書物の『救荒野譜』には、このものは地踏菜として出ていて、

地踏菜、一名地耳。状木耳の如く春夏に雨中に生ず。雨後に采りて熟して食う。日を見れば

即ち枯没す。

地踏菜。雨中に生ず。晴日一たび照らせば郊原空し。荘前の阿婆は阿翁を呼び。児女を相携えて去りて匇々。須臾に采り得て青く籠に満つ、家に還りて飽食し、歳の凶を忘る。東家の懶婦は睡正に濃かなり。

とある。今、これを読んでみるとすこぶる趣がある。

今から二十数年前、私は備後の帝釈峡へ植物採集におもむいた帰途、山地の路上広く一面足の踏みどころもないほど、この地耳、すなわちヂクラゲが繁殖しているのに出会ったことがある。陣々相並び簇々相迫り、そのさかんなることまことに空前の盛観であった。よくもこのように殖えたものかと目を瞠らしめた。

# サルオガセ

地衣類植物（Lichenes）に昔からサルオガセと呼ぶものがあって、書物に出ている。すなわちそれはサルオガセ科（Usneaceae）の Usnea plicata *Hoffm.* var. annulata *Muell.* である。

　このサルオガセは山地の樹木に付いて生じ、長さは六十五センチメートルばかり（二尺一寸五分ばかり）に出入りして無数に分枝し、ふさふさとして垂れ下がっており、帯黄白色で直径は太いところで二ミリメートルばかりもあり、その外面が短い管のような環になってひび割れがしているのが特徴である。その変種名の annulata は環状という意味で、この特状に基づいた名である。古くからサルオガセと呼んでいた地衣は主としてこの品を指し、それはこの属中で第一等長大な形状をしていて著しいから、人々の目につきやすい。サルオガセは猿麻桛《サルオガセ》の意、この麻桛《オガセ》は績《つ》んだ麻《お》を纏い掛けて繰《く》る器械であるが、このサルオガセの場合は麻糸《おいと》の意として用いたものだ。

　しかるにわが国近代の学者は Usnea longissima *Ach.* をもってサルオガセと呼んでいるのは、昔からのことを考え合わすとじつは不徹底である。勿論これもサルオガセの一種（私はこれをナガサルオガセと呼んでいる）には相違ないが、しかし昔から書物に出ているサルオガセそのものではない。では近代学者が不案内にも強いてみだりにこれをそうしたわけはどうかとたずねてみれば、それははじめまず明治三年（1870）出版の博物館天産部、植物類の『博物館列品目録』に

サルヲガセ、松蘿 Usnea longissima *Ach.*

と出ている。次いで三好学博士等が植物教科書などを書いたときに、その種名の longissima（非常に長いという意味）に魅せられて、これを無条件にサルオガセとしたので、その後の人々もサルオガセといえば Usnea longissima、Usnea longissima といえばサルオガセであると相場が決まったようになった。これらの人々は日本で前からサルオガセといっている品を正当に掴むことができないでいるのは残念である。

サルオガセを Usnea plicata *Hoffm.* var. annulata *Muell.* としたはじめは私で、私はこれを大正三年（1914）十二月に東京帝室博物館で発行した『東京帝室博物館天産課日本植物乾腊標本目録』で公にしておいた。

サルオガセの名はこれを松蘿、一名女蘿として源順の『倭名類聚鈔』に出ており、和名をマツノコケともしてある（サルオガセは松蘿でもなければ女蘿でもない。マツノコケは古く深江輔仁の『本草和名』に末都乃古介と出で、これは松蘿を元として製した名であるからこれもサルオガセにはあたっていない。右の松蘿も女蘿も、じつはその実物はなんであるのかよくは分からないものである）。小野蘭山の『本草綱目啓蒙』にはサルオガセの一名をサルノヲガセ、ヤマウバノヲクズ、ヤマウバノヲガセ、サ

ルガセ、キリサルガセ、クモノハナ、キヒゲ、ハナゴケ、キツネノモトユヒとしてある。そして

木皮ニ生ズル処ハ一筋ニシテフトシ、末ニ枝多ク分レ下垂シテフサノ如シ、白色ニシテ微緑ヲオブ、フトキ処ヲシゴケバ皮細カニ砕テ離レズ、内ニ強キ心アル故数珠ノ形ノ如シ、故ニ弘法ノ数珠ノ変化ト云、和州芳野高野山野州日光山殊ニ多シ、長サ三五尺ニシテ至テフトシ、雨中ニハ自ラ切テ落

と書いてある。この蘭山の文でみてもサルオガセは上に述べた品であることが自ずから明らかである。

岩崎灌園の『本草図譜』にサルオガセの図が出ているが、その品は明らかに Usnea plicata *Hoffm.* var. annulata *Muell.* である。図上にその環状の模様が現わしてあるのは、これがその種たることを明示している。

# 毒麦

毒麦すなわちドクムギ！　貰い食料品の麦の仲間に毒麦があることを聞けば恐いことに思われるが、イヤなにも心配無用、その毒麦は本当の麦の仲間ではなく、また本当の麦には決して毒はないからご安心のこと、そしてここに毒麦と銘打って出頭したのは、それはホモノ科（禾本科）のものではあるがまったく別属の品で、名は毒麦でも麦とはなんの関係もない。しかし小麦粉をたびたび食料にする今日ただいまでは、この毒麦には、われ関せずえんたるを得ない不安心が存する。

以前わが都民が配給の小麦粉を食って中毒したという風聞がひんぴんとして耳朶を打ったことがあった。当時私はこれを新聞で見たときすぐにも、ははあ、それは毒麦からの中毒ではなかろうかと直感した。数日を経て東京帝国大学農学部の佐々木喬農学博士も、同じくそれは毒麦の中毒ではないかと推測せられた記事が新聞に出ていたのを見て、同博士もやはり同じ感じだなと思った。しかるにある菌学者がいうのには、それはたぶんその小麦粉が湿気を帯びてなにか黴が来、それから分泌した毒のためではなかろうかとのことであった。

ずっと以前、もう三十年あまりにもなったろうが、わが国の麦畑に諸所で毒麦の繁殖したことがあった。その後もどこかでボツボツは生じているのではなかろうかと思うこともあったが、少しばかり生えていたとて別に人の注意も惹かないので、その後私はまったく毒麦のことは忘れていた。しかるに近年それが東京付近の地で少々生えていたことを知った。

いったいこの毒麦とはどんなものか。まずこの禾本の学名をたずねると、それは Lolium temulentum *L.* であって、その種名の temulentum とはぐでんぐでんに酒に酔うたことである。そして本品は欧洲、北アフリカ、西シベリアならびにインドの原産である。一年生の草で独生あるいは叢生の稈は直立し、単一で分枝せず高さが三、四尺にも達する。線形の緑葉を互生し、葉片下に稈を取り巻く長い葉鞘がある。痩長い一本ずつの緑色花穂は稈に頂生し、果穂は熟後褐色を呈し、小穂（学術語であって一に簇花《シユウカ》と称する）は穂軸に互生して二列生をなし、五ないし十一花よりなっている。苞状をなした一空穎は小穂より少しく長く、穀粒は小形で長楕円形を呈し白褐色である。

この毒麦がよく小麦畑に生えるので、その収穫のさい毒麦の穀粒が一緒に小麦の穀粒にまじることがある。そしてその毒麦の穀粒は刺戟性、麻酔性の毒分を有し、これを食うとよく口に譫語を発し、胃に苦しい痙攣がおこり、心臓が衰弱し、睡気を催し、眩暈がしあるいは昏倒し、悪寒が来、嘔気を催しあるいは嘔吐し瞳孔が散大する。そしてこの有毒アルカロイドをテムリン

（Temulin）と称する。

毒麦の俗名には Darnel, Tares, Ivry, Poison rye-grass がある。

この毒麦の属する Lolium 属には通常なお二つの種があって、早くも他の牧草とともにわが国に入ってきて今はすでに帰化植物となっている。すなわちその一つは Lolium perenne *L.* で俗に Rye-Grass といい、ホソムギの和名があり、その花には芒がない。またその一つは Lolium multiflorum *Lam*（= *Lolium italicum* A. Br.）で俗に Italian Rye-Grass と称え、ネズミムギの和名を有し花に芒がある。この有芒無芒の点で容易にこのホソムギ、ネズミムギの区別がつく。

# 馬糞蕈は美味な食菌

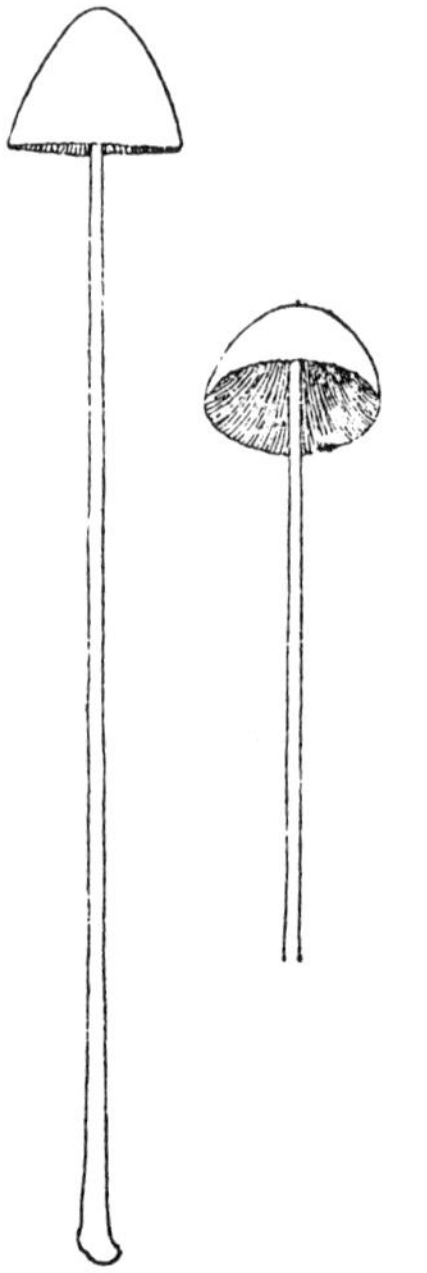

マグソダケ（馬糞蕈）＝食用
Panaeolus fimicola *Fries* = *Coprinarius fimicola* Schröt. = *Agaricus fimicora* Fries.

馬の糞や腐った藁に生える菌《キノコ》に馬糞蕈すなわちマグソダケというのがあって、マツタケ科のマツタケ亜科に属し Panaeolus fimicola *Fries*（= *Coprinarius fimicola* Schröt.）の学名を有している。そして、この種名の fimicola は糞上もしくは肥料上に生じている意味である。最古の字書の『新撰字鏡』には菌の字の下に宇馬之屎茸と書いてあるところからみれば、この名はなかなか古い称えであることが知られる。

この菌は直立して高さは二寸ないし五寸ばかりもある。茎は痩せ長くて容易に縦に裂ける。蓋《カサ》は浅い鐘形で径五分ないし一寸ばかり、灰白色で裏面の褶襞《ヒダ》は灰褐色である。全体質が脆く、一日で生気を失いなえて倒れる短命な地菌である。

昭和二十一年九月十一日に来訪した小石川植物園の松崎直枝君から、このマグソダケが食用になり、それがまたすこぶるうまいということをきいて私は大いに興味を感じた。

この菌がかく美味である以上は、大いにこれを馬糞、腐った藁に生やして食えばよろしい。春から秋まで絶えず発生するというから、随分と長い間賞味することができるわけだ。

これが馬糞へ生えるのは、ちょうどかのいわゆるシャンピニオンのハラタケ（田中延次郎命名）、一名野原ダケ（拙者命名）、すなわち Psalliota campestris *Fries*（= *Agaricus campestris* L.）が連想せられる。このシャンピニオンが培養せられるときには馬糞が使用せられる。それはその生える床に熱を起こさせんがためである。

一茶の句に

余所並《なみ》に面並べけり馬糞茸

というのがある。

今左に私のまずい拙吟を並べてみる。

食う時に名をば忘れよマグソダケ

その名をば忘れて食えよマグソダケ

見てみれば毒ありそうなマグソダケ

こわごわと食べてみる皿のマグソダケ

食うてみれば成るほどうまいマグソダケ
マグソダケ食って皆んなに冷やかされ
家内中だれも嫌だとマグソダケ
嫌なればおれ一人食うマグソダケ
勇敢に食ってはみたがマグソダケ

馬勃（オニフスベ）にもウマノクソタケの名があるが、上のマグソダケとは無論別である。

今から二十八年前の大正十四年八月に、飛騨の高山の町で同町の二木長右衛門氏に聞いた話では、「馬糞などに生える馬糞菌を喜んで食うことがある」とのことであった。また「いずれの菌でも一度煮出しおき、その後に調食せば無毒となり食うことができる」とのことも聞いた。この高山町では漬物の季節に当たって、近在から町へ売りにくる種々な菌を漬物と一緒にそれへ漬け込むのである。同町では定まった漬物日があって年中行事の一つとなっており、その日に各家で漬物をする。その漬物桶が家によってはとても結構なのが用意せられているとのことである。これは他国では見られぬ珍しい習俗である。そして当時その中へ漬ける蕪は、同地あまねく栽培せられてある赤カブであったが、今はどうなっているだろうか。また右漬物用の菌はどんな種類であるのか調査してみたいものだ。日本の菌学者はこの好季に一度見学に出陣してはどうか。必ず得るところがあるのは請合いだ。

# ニギリタケ

ニギリタケは Lepiota procera *Quel.* なる今日の学名、および *Agaricus procerus* Scop.（種名の procera は丈高き義）の旧学名を有し、俗に Parasol Mushroom と呼び、広く欧洲にも北米にも産する食用菌の一種である。そしてニギリタケとは握り蕈の意であるが、握るにしてはその茎すなわち蕈柄が小さくてあまり握りばえがしない。それで私はこの菌を武州飯能の山地で採ったとき

ニギリタケ
　握り甲斐なき
　　細さかな

と吟じてみた。ところが天保六年（1835）に出版になった紀州の坂本浩雪（浩然）の『菌譜』には、毒菌類の中にニギリタケを列して

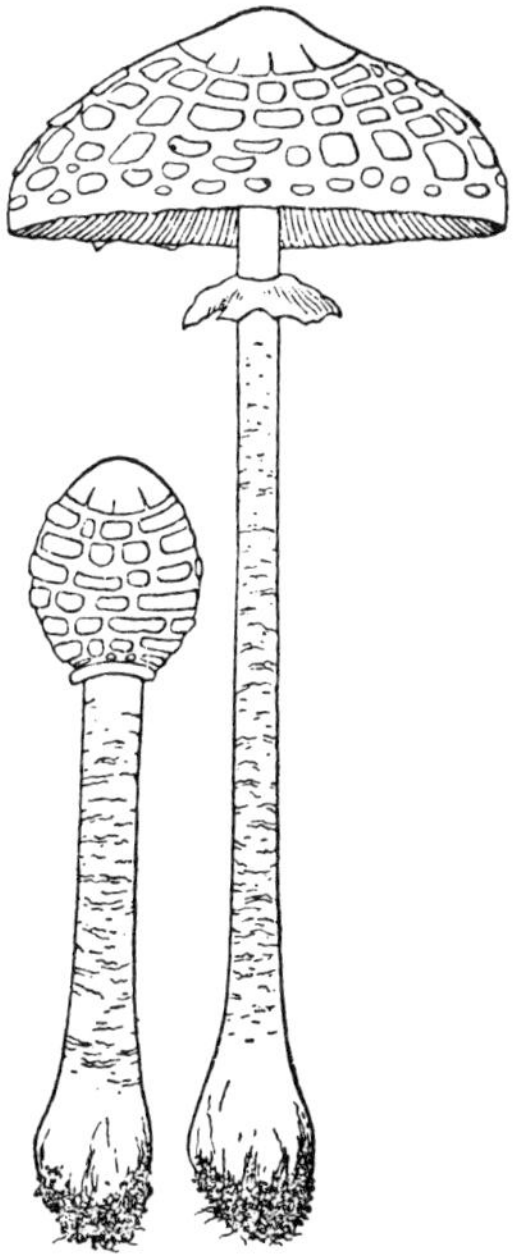

ニギリタケ，一名カラカサダケ
Lepiota procera *Quel.*

形状一ナラズ好ンデ陰湿ノ地ニ生ズ其ノ色淡紅茎白色ナリ若シ人コレヲ手ニテ握《ニギル》トキハ則チ痩セ縮ム放ツトキハ忽チ勃起ス老スルトキハ蓋甚ダ長大ナリ

と書き、握リタケとして握り太なズッシリしたキノコが描いてあるが、これは握リタケの名にちなんでいいかげんに工夫し、握るというもんだから的物が太くなければならんと、そんな想像の図をつくったわけだ。ところが本当のニギリタケが判ってみると、その茎は案外に痩せ細いものである。さすがの川村清一博士のような菌学専門学者でも、このニギリタケは久しく分からなかったが、私が大正十四年（1925）八月に飛騨の国の高山町で聞いたその土地のニギリタケのことを話して、同博士も始めて合点がいったのである。そこで博士はこのニギリタケのことを大正十五年（1926）六月発行の『植物研究雑誌』第三巻第六号に書いた。それでこれまであやふやしていたニギリタケが始めてハッキリした。そしてこの菌は蓋が張り拡がるとあたかも傘のような形をしているところから、一にカラカサダケとも呼ばれるとのことだ。坂本浩然の『菌譜』にカラカサモタシ、カサダケ、傘蕈としてある図のものは、けだしカラカサダケであろうと思う。「毒アリ食ス可カラズ」と書いてあるのは事実を誤っているのであろう。

上の大正十四年八月当時、私が高山町西校校長、野村宗男君に聞いたところは次のとおりであった。

にぎりたけ（方言）飛騨吉城郡国分《こくぶ》辺（高山町より二、三里ほど）の山地芝草を刈り積みたる辺、または麦藁を入れ肥料にせし畑に生ずる。秋時栗の実の爆ぜる頃最も盛んに出る。高さ七、八寸より大なるものは一尺五寸ばかりもある。出ずる頃土人にぎりたけを採りに行くと称して赴く。一本一本独立に生える。茎の太さ両指にて握るほどにて、全体白色、水気少なく、茎頭わたわたしくなりいる。縦に裂いて焼き醤油の付け焼きにして食うを最も美味とする。多少の香あり、また汁の身としまた煮付けとする。

今から二十五年前の昭和三年の秋、私は陸奥の国恐れ山の麓の林中で大きく傘（蓋）を展げたカラカサダケすなわちニギリタケ数個を見つけ、それを持って踊る姿をカメラに収めた。それは青森県営林局ならびに同県下営林署の人々と同行のときであった。今ここにそのときのことを歌った拙作を再録してみると次のとおり。

恐れ山から時雨《しぐ》りょとままよ、両手にかざす菌傘《きのこがさ》、
用心すれば雨は来で、光さし込む森の中、
やるせないまま傘《かさ》ふって、踊ってみせる松のかげ、
その腰つきのおかしさに、森よりもるる笑い声、
道行く人は何事と、のぞいて見ればこの姿。

# 菖蒲はセキショウである

日本にショウブ（Acorus Calamus *L.* var. asiaticus *Pers.*）とセキショウ（Acorus gramineus *Sol.*）との二つがある。これはもとより同属植物ではあるが、無論別種のものであることはだれでも知っているだろう。かく和名でショウブ、セキショウといえば、少しもまぎらわしく混雑することもなく、きわめて明々瞭々たりであるが、さてそこへ漢名が割りこんでくるとたちまち面倒が起こってきて、ぜひとも一言を費やさねばすまん始末となる。早くこの厄介な漢名を駆逐しないことには、いつまでたっても植物界の騒動は免れ得ない悩みがある。

ショウブは菖蒲から来た名であるから、それをそのまま菖蒲と書けば問題はなかりそうだが、そうは問屋がおろさない。ふつうの人はショウブを菖蒲としているが、これはたいへんな間違いで菖蒲は決してショウブではない。では菖蒲はなにか。この菖蒲はセキショウそのものである。そしてショウブは白菖と書かねばそのショウブにはなり得ない。この白菖は一に泥菖蒲とも水菖蒲ともいわれる。

この白菖であるショウブは、昔はアヤメともアヤメグサとも呼んでいてよく歌に詠まれたもん

だ。かの

ほととぎす鳴くや早月のあやめぐさ、あやめも知らぬ恋もするかな

の歌はその代表的なもんだ。今日アヤメというものはアヤメ科のIris属のものだが、昔はこれを花アヤメといった。世間で上の本当のアヤメの名をいわぬようになったので、自然にこの花アヤメがアヤメと呼ばれるようになった。

セキショウはサトイモ科で、それが本当の菖蒲である。すなわち菖蒲はセキショウである。このセキショウの菖蒲を支那人は大いに貴び、書物には縷々《るる》とその薬効が述べてある。すなわちその地下茎を服していると骨髄が堅固になり、顔色に光沢が出で、白髪が黒くなり、歯が再び生じ、眼がよく明らかになり、声色も朗らかとなり、精神も老いず、そして長生きするとあって、支那人はそう信じているようだ。もし実際こんな効能が菖蒲根にあったとしたら大したもんだが、どうもこれは信用ができそうもない。

渓蓀というものがある。日本の学者はこれをIris属のアヤメだとしているが、それは誤りで、これもセキショウの一品か他かに外ならない。

# 海藻のミルはどのようにして食うか

海藻のミルはふつうに水松（『本草綱目』水草類）と書いてあるが、果してそれが当たっているのかどうかはすこぶる疑わしい。支那の昔の学者の書いた原文ははなはだ簡単で、それが果してミルであるのか、じつのところよくは判らないのである。また俗に海松とも書いてあるが、これは支那の昔の学者の「水松、状《チ》如《シ》レ松《ノ》采《テ》而可《シ》レ食《フ》」の文に基づいて製した名であろう。

このミルの学名は前にはよく Codium mucronatum *J.Ag.* が使われたが、今日では Codium fragile *Hariot*（*Acanthocodium fragile* Sur.）が用いられている。この種名の fragile は「質脆く破損しやすい」ことを意味する。本品は純緑色の海藻で浅い海底の岩に着生し、三寸ないし一尺ばかりの長さがあって両岐的に多数に分枝し、その枝は円柱状で、質は羅紗のようである。そしてこのミルの語原はまったく不明であるといわれる。

源順の『倭名類聚鈔』に『海松、崔禹錫食経云、水松状如松而無葉、和名美流』とある。『延喜式』内膳司式に「海松二斤四両」とあり、また『万葉集』の歌に「沖辺には深海松《ふかみる》採《つ》み」とあるのをみても、遠い昔に当時既に食用にしたことが分かるが、それならそれをどういう風に調理して食したのか詳《つまびら》かでないけれど、昔は凝った料理の一つであったらしい。今ここに近代の食法を次に載せてみる。しかし私自身は一度もこれを食した経験がないので、その食法が分からない。そこで二、三おおかたの諸氏に教えを乞うたところ、みないずれも親切な垂教を賜わったので、その食法が判明し大いに喜んでいるのである。私も今度幸いにミルに出逢ったら味わってみなければならないと、今からその舌ざわりや味わいやらの想像を描いている。

理学士恩田経介君からの所報によれば「私がミルを食べましたのは、志摩半島の浜島でした、あそこでは毎年の棚機にはミルを食べる慣例だとのことでした、食べたのはニク鍋で一寸いためてスミソで食べました、極々若いのだと生マで酢味噌をつけてたべるのがよいとのことです、見たよりもゴソゴソしなかったと思ってゐます、うまいとは思ひませんでしたが食べられるものだ位でした」とあった。

理学博士武田久吉君からの返翰によれば、「御下間の件小生自身何の経験も御座いません」とて、岡村金太郎博士の『海藻と人生』と、遠藤吉三郎博士の『海産植物学』とを引用して報ぜられた。右遠藤博士の『海産植物学』は明治四十四年（1911）に東京の博文館で発行になった書物だが、今それによると

みるヲ食用ニ供シタルハ本邦ニ在リテハ其由来甚ダ遠キモノノ如ク現今却テ之レヲ用ウルコト少ナシ、箋註倭名類聚抄ニ云フ、海松、見延喜臨時大嘗祭図書寮玄番寮民部省主計寮大

蔵省宮内省大膳職内膳司主膳監等式、又見賦役令万葉集、云々、之レニテ判ズレバ古ヘハみるヲ朝廷ニ献貢シタリシモノナルベシ、古歌ニモみる、みるぶさ、みるめナド多ク詠メリ、又昔ヨリみるめ絞リト称シテ此植物ノ形ヲ衣服ノ模様トナシ、或ハ陶器ノ画等ニモ見ルコト今日ニ至ルモ変ラズ其果シテ孰レノ世ヨリ斯クノ如キコト始マリシヤ明カナラズト雖ドモ少クモ千数百年ノ昔ヨリナルベシ、又此ハ海藻ニシテ美術的紋様ニ用ヰラルルモノノ唯一ノ例ナリ……みる類ヲ食用ニ供シタルハ往古ヨリ行ハレシモノニシテ弘仁式ニ尾張ノ染海松ヲ正月三日ノ御贄《オンベ》ニ供ストアリ而シテ現今本邦ニテ主トシテ用ヰラルルハみる及ビひらみるノ二者ナリ是等ハ生食セラルルコト稀ニシテ多クハ晒サレテ白色ニ変ジタルヲ乾シ恰モ白羅紗ノ如クナルヲ販売セリ、之レヲ水ニ浸シ三杯酢ヲ以テ食フ或ハ夏期ニ於テ採収シタル時ハ灰乾シトシ又ハ熱湯ヲ注ギテ後蔭乾シトス之レヲ用ウルニハ熱湯ニ投ジテ洗滌スルヲ可トス

と出ている。

なお同じく遠藤博士の『日本有用海産植物』（明治三十六年〔1903〕博文館発行）にはミルの効用として、

ミル、ヒラミル等は淡水と日光とに洒すときは白色の羅紗の如くなる之れを調理して食用とすナガミル、タマミル亦た此の如くして可なり但し其産額前二者の如く多からざるのみ

と書いてある。

また明治四十三年（1910）博文館発行の妹尾秀実、鐘ケ江東作、東道太郎三氏の著『日本有用魚介藻類図説』によれば

みるの種類は総て四五月より七八月の頃採収し灰乾《はひぼし》となして貯ふ、使用するに際し熱湯に投じて洗滌し吸物又は三杯酢となして食用に供す又採収したるものを淡水にて善く洗ひ晒白して貯蔵する事あり。現今みるを食用に供する事多からざれども、延喜式巻第二十三部民部下交易雑物伊勢国海松五十斤参河国海松一百斤紀伊国海松四十斤、同書巻第二十四主計上凡諸国輸調云々海松各四十三斤但隠岐国三十三斤五両凡中男一人輸作物海松五斤志摩国調海松安房国庸海松四百斤云々とあり、又明月記に元久二年二月二十三日御七条院此間予可儲肴等持参令取居之長櫃一土器居小折敷柏盛海松覆松とあれば昔時は貴人も食用に供せられたるならん……又海藻の種類は多し模様《もやう》として応用得べきもの少からず然れども古来諸種の工芸品の模様に応用せられたるものは実にみるのみなりみるは其形状のみならず体色も用ひられてみる色といへる緑に黒みある色をも造られたり

とある。

大正十一年（1922）に東京の書肆内田老鶴圃で発行になった岡村金太郎博士の『趣味から見た海藻と人生』に述べてあるところを抄出してみると、

ミルは今でも少しは食用とし、殊に九州や隠岐の国あたりでは其若いのを喰べる。先年自

分は九州の鐘ケ崎〔牧野いふ、筑前宗像郡、海辺の地にダルマギクを産する〕で、特に望んで喰はせてもらったが、海から取って来たのをよく洗って、鉄鍋を火にかけて、その上でなまのミルをあぶると、茹菜《ゆでな》のやうになるのを、酢味噌などで喰べる工合は、全く茹菜と同じである。昔は今日よりもよほどミルの用途がひろかったとみえて、越後名寄巻十四水松《みる》の条に「咬《カ》ム時ハムクムクスルナリ生《ナマ》ニテモ塩ニ漬ケテモ清水ニ数返洗フベシ其脆ク淡味香佳ナリ酢未《スミ》醤《シヨウ》或ハ湯煮ニスレバ却テ硬シテ不可食六七月ノ頃採ルモノ佳ナリ」とある。それから古い書物に海松の貯蔵法があるが、それに「ざっと湯を通し寒の水一升塩一合あはせ漬置くべし色かはらずしてよく保つなり」とある。また灰乾として貯へてもおくとみえる。これを食するのは、その色の美しさと香気とを愛したものであらう。任日上人の句に「蓼酢《たです》とも青海原をみるめかな」とあるのは、自分の考へでは、青海原を蓼醋とみなしてそれに云ひかけた洒落であらうと思ふが、多分海松は蓼醋などで喰べたものであらう。また其角の句に「海松《みる》の香に松の嵐や初瀬山」とあるのも、このへんのこゝろであらう。寛永料理物語に「みる　さしみ」とあるのは、刺身として喰ふといふのか刺身のつまとしてといふのかである。

次に現下わが国海藻学のオーソリティー、北海道帝国大学の理学博士山田幸男君からの所報によれば

> 小生数十年前薩摩の甑島に於てそのスミソアへと致したるものを漁師の家にて馳走になりし事を覚えをり候、又其後これは七八年前かと存候が東京芝、芝園橋付近の銀茶寮とか申す料理屋にて日本料理の献立表に〔ミルの吸物〕とありしを覚えをり候たゞし此際は惜くも本日は材料が揃はずとの理由とかにて実物を味はずに了ひ候、これにより少くもスミソアへ及汁のミと致す事はたしかと存じ候尚岡村先生の『海藻と人生』に矢張り九州のスミソアへの事等見えをり候

とあった。

要するにミルの料理としては三杯酢かあるいは酢味噌和えかがふつう一般の食法であることが知られる。

文化元年（1804）出版、鳥飼洞斎の『改正月令博物筌』料理献立欄に、

> 〔二月（牧野いう、陰暦）吸物〕まて貝、みる、わりこせう、〔四月吸物〕まききすご、みる、〔七月吸物〕花ゑび、みる、わりさんせう、〔九月吸味〕御所がき、岩たけ、くるみ、きくな、みる、わさびすみそ、〔十月清汁〕実くるみ、みる、〔十一月吸物〕ひらたけ、みる

と出ている。

ミルクイという介があって、またミルガイともミロクガイとも称えられ、その学名は Tresus Nattalii *Cornad.* である。この介の一端から突出した多肉な水管にミルが寄生し、その状あたか

もこの介がミルを食いつつあるように見えるので、それでこの介をミルクイ（ミル喰イ）と呼ばれる。この介はただその水管の肉だけを食用とし、その味がすこぶるうまいところからこれを支那の書物の西施舌（西施は支那古代の美人の名）にあてているが、それが果してあたっているのかどうかよく分からない。

〔補記〕昭和二十二年七月二十三日に東京都世田ケ谷区、梅ケ丘小学校の教員川村カウ女史が相州江ノ島の海浜で、漁夫の鰯網へ付いて揚がってきたミルを採集してきて恵まれたので、さっそくにこれを清水で洗い、とりあえずその新鮮なのをまず生食してみた。口ざわりは脆くてシャギシャギはするが塩味があってぞんがい食べられる。そして海藻の匂いはあるが、別に特別な味はない。次いでこれを酢醤油に漬けて味わってみたが、そうするとたちまちミルが多少縮め気味でこわばり、かえって生食するよりは不味を感ずる。それはちょうど『越後名寄』に記してあるとおりである。このように私は生まれて始めてミルを味わってみたが、あまり感心する品ではなく、まず昔からのことを回想し趣味として強いてこれを口にする程度のものである。

ミルの語原は不明だといわれているが、私の愚劣な考えでは、それはあるいはビルもしくはビロから転訛したものであろうと思われる。すなわち生鮮なミルを静かにうち振ってみると弾力があって、ビルビルビロビロとするから、そのビルあるいはビロが音便によってついにミルとなったのではなかろうかと想像するが、どんなもんだろうか。
ミル属（Codium）には多くの品種があって、いずれも食用になるのであろう。昭和九年（1934）六月に東京の三省堂で出版した岡田喜一《よしかず》君の『原色海藻図譜』によれば、次の種類が原色写真で出ているからそれらを知るにはきわめて便利である。すなわち、ハイミル、ヒゲミル、ネザシミル、サキブトミル、ナガミル、クロミル、ミル、モツレミル、タマミル、ヒラミル、コブシミル、ならびにイトミルの十二品が挙がっているが、その中でナガミルは岡山でクズレミル、阿波でサメノタスキ、相模でアブラアブラというとある。同じく昭和九年十月に東京の誠文堂で発行した東《ひがし》道太郎君の『原色日本海藻図譜』にはナガミルの条下に
邦産十数種のミル中最も長大なものであって全長四十五尺に達するものもある……九州より千葉県に至る太平洋岸に産する、殊に湾入せる処の四五尋の深所に多い、真珠貝の養殖場に繁殖し長大なる体は真珠貝を覆ひ死に至らしむる事があると云はれて居る
と書いてある。ヒラミルは国によりラシャノリといわれる。

# 蕙蘭と書く蕙とはなんだ

支那の書物にはよく蕙蘭の名が出ているが、この蕙蘭と称えるのは今のいわゆる一茎九華と呼ぶ蘭で、陳淏子の『秘伝花鏡』には「蕙蘭、一名ハ九節蘭、一茎ニ八九花ヲ発ス」と書いてあるものである。

この一茎九華なる蕙蘭は支那特産の蘭品である。すなわちいわゆる東洋蘭の一種でCymbidium scabroserrulatum *Makino* の学名を有する。わが日本へ支那からその生品が来て愛蘭家はこれを培養している。支那の蘭画の書物にはこの蘭を描いたものが多いところをみると、同国には山地に多く生えているふつうな蘭であろう。

蕙蘭そのものをかく書くのはどういう意味か。これはその花香にちなんでこの蕙の字を用いたものである。ではその蕙とは何か。蕙は香草の一種であるから字書にカオリグサと訓ませてはあるが、しかしカオリグサの草名はない。ないのが当り前でこの字書へ訓を付けた人も無論その草を知らなかったからだ。それならその草は何だ。その蕙と名づけた草は、クチビルバナ科（唇形科）に属する新称カミメボウキ（神目箒の意）すなわちOcimum sanctum *L.* そのもので、古くから支那には栽培せられてあったが日本へは未渡来品である。そしてこの草の原産地は熱帯地で、インド、マレーから濠洲、太平洋諸島、西アジアからアラビアへかけて分布していると書物にある。

右の蕙すなわち蕙草は一名薫草でそれはすなわち零陵香である。李時珍がその著『本草綱目』芳草類なる薫草の条下で述べるところによれば「古ハ香草ヲ焼キテ以テ神ヲ降ス、故ニ薫ト曰イ蕙ト曰ウ」とある。

松村任三博士の『改訂植物名彙』前編漢名之部に薫すなわち薫草を Ocimum Bacilicum *L.* すなわちメボウキ（目箒の意）にあててあるが、それは誤りでこれは前記のとおりカミメボウキの名とせねばならない。

薫草すなわち蕙草は目を明にし涙を止めるといわれるので、それでメボウキすなわち目箒である。すなわち目へ埃などが入ったとき、その実を目に入れるとたちまちその実から粘質物を出して目の中の埃を包み出し、目の翳りを医するからである。つまり目の掃除をするのである。

# ナガイモはヤマノイモの栽培品か

今日私にとっては、こんな問題はもはやカビが生えて古くさく、なんの興味もありやしない。が、それでも一言せねばならんことがあるので強いてここにペンを走らせる。ものういことだ。明治二十四年（1891）十二月に帝国博物館で発行になった田中芳男、小野職愨同撰の『有用植物図説』に、

ナガイモ　野山薬《ジネンジヤウ》ヲ園圃ニ栽培スル者ニシテ其形状亦相似テ其長サ三四尺ニ至ル其需用亦彼ニ異ルコトナシ

と書き、またジネンジョウに対しては

仏掌藷《ツクネイモ》の原種ニシテ山野ニ自生シ根形狭長五六尺余ニ至ル者ナリ其需用ハ彼ト大差ナシト雖ドモ品位彼ニ優レリ

と書いているが、これはまったくの認識不足で、このナガイモもまたツクネイモ（ナガイモの一品）も決してジネンジョウ（ヤマノイモ）から出たもんではなく、この両品は全然別種に属するものである。そして今これを学名でいえばジネンジョウすなわちヤマノイモは Dioscorea japonica

恐縮ですが
切手をお貼り
ください

郵便はがき

170-0011

東京都豊島区池袋本町 3 - 31 - 15

**(株)東京美術　出版事業部　行**

**毎月 10 名様に抽選で**
**東京美術の本をプレゼント**

この度は、弊社の本をお買上げいただきましてありがとうございます。今後の出版物の参考資料とさせていただきますので、裏面にご記入の上、ご返送願い上げます。
なお、下記からご希望の本を一冊選び、○でかこんでください。当選者の発表は、発送をもってかえさせていただきます。

もっと知りたい葛飾北斎［改訂版］
もっと知りたい上村松園
もっと知りたいミレー
もっと知りたいカラヴァッジョ
もっと知りたい興福寺の仏たち

すぐわかる日本の美術［改訂版］
すぐわかる西洋の美術
すぐわかる画家別 西洋絵画の見かた［改訂版］
すぐわかる作家別 写真の見かた
すぐわかる作家別 ルネサンスの美術
すぐわかる日本の装身具

てのひら手帖【図解】日本の刀剣
てのひら手帖【図解】日本の仏像
演目別 歌舞伎の衣裳 鑑賞入門
吉田博画文集
ブリューゲルとネーデルラント絵画の変革者たち
オットー・ワーグナー建築作品集
ミュシャ スラヴ作品集
カール・ラーション
フィンランド・デザインの原点
かわいい琳派
かわいい浮世絵
かわいい印象派

**お買上げの本のタイトル**（必ずご記入ください）

**お名前**《フリガナ》　　**年齢**　　歳（男・女）

**ご職業**

**ご住所**

〒　　（TEL　　）

e-mail

**●この本をどこでお買上げになりましたか？**

書店／　　美術館・博物館

その他（　　）

**●最近購入された美術書をお教え下さい。**

**●今後どのような書籍が欲しいですか？　弊社へのメッセージ等もお書き願います。**

**●記載していただいたご住所・メールアドレスに、今後、新刊情報などのご案内を差し上げてよろしいですか？**　□ **はい**　□ **いいえ**

※お預かりした個人情報は新刊案内や当選本の送呈に利用させていただきます。原則として、ご本人の承諾なしに、上記目的以外に個人情報を利用または第三者に提供する事はいたしません。ただし、弊社は個人情報を取扱う業務の一部または全てを外部委託することがあります。なお、上記の記入欄には必ずしも全て答えて頂く必要はありませんが、「お名前」と「住所」は新刊案内や当選本の送呈に必要なので記入漏れがある場合、送呈することが出来ません。

個人情報管理責任者：弊社個人情報保護管理者

※個人情報の取扱に関するお問い合わせ及び情報の修正、削除等は下記までご連絡ください。

東京美術出版事業部　電話 03-5391-9031　受付時間：午前 10 時～午後 5 時まで（土日、祝日を除く）

*Thunb.* で、ナガイモ、ツクネイモは Dioscorea Batatas *Decne.* である。だから、いくらヤマノイモのジネンジョウを培養してみても決してナガイモにもツクネイモにもなりはしない。のみならず、日本国中にヤマノイモ（ジネンジョウ）はどこにも作ってはいなく、私はまだそんな実際を見たことがない。そしてこのジネンジョウはやはり「野に置け」の類でその天然自然のものが味が優れているので、これを圃に作ってその味を落とすようなオセッカイをする間抜け者は世間にないようだ。やはり山野を捜し回ってジネンジョウ掘りをすることが利口なようである。また田村西湖口義の『本草綱目記聞』薯蕷《ショヨ》の条下に「ナガイモト云ハヤマイモノ人作ヲ経タルモノナリ」と書いてあるが、これは無論事実を誤っている。このヤマノイモを作ったものがナガイモだと思い違いしていることが昔から今までの通説のようになっているのは、前の田中、小野両氏の説で見ても分かる。世人がこのような謬見を抱いていることをみると、つまりその人々に本当の植物知識が欠けていることを証拠立てているわけだ。

昔からどの学者もどの学者もみなヤマノイモ（ジネンジョウ）を薯蕷だとしていた。が、それを始めて説破してその誤謬を指摘し、薯蕷は決してヤマノイモではなくまさにナガイモであることを明らかにしその誤りを匡正したのは私であって、私はかつて図入りでその一文を公にしておいたことがあった。それは昭和二年（1927）十二月三十一日発行の『植物研究雑誌』第四巻第六号での

「やまのいもハ薯蕷デモ山薬デモナイ」

であった。

山薬といい野山薬というと、その字面から推量して軽々にこれを薬食いにもなるヤマノイモのことだときめているが、しかしこの山薬も野山薬も、家山薬とともに薯蕷すなわちナガイモ（Dioscorea Batatas *Decne.*）の一名で、この山薬も野山薬も決してヤマノイモ（Dioscorea Japonica *Thunb.*）の名ではない。そしてヤマノイモにはなんらの漢名もないのである。それはこの植物が支那には産しないようだからであろう。

全体ナガイモの薯蕷を山薬といった理由は如何《いかん》。それは唐の代宗の名が預であるので、当時その諱を避けて薯蕷を薯薬と変更した。ところが後また宋の英宗の諱が署であるため、今度は再びその薯薬を改めて山薬としたのである。つまりナガイモの元の名の薯蕷が薯薬に変わりこの薯薬が山薬となったのである。そしてその山薬（ナガイモ）の野生しているものが野山薬、すなわちナガイモで、家圃につくられてあるものが家山薬、すなわちツクリナガイモである。

薯蕷の野生しているものはみなその根が地中へ直下してその形が長いから、それでナガイモ（長薯の意）といわれ、植物学上ではそれを Dioscorea Batatas *Decne.* の和名としてのナガイモと呼んではいるが、しかし園圃に栽培せられる同種の中には無論長形（あまり長くはない）の品もあるが、その園芸品には根形が短大になっているものが常形で、それにはツクネイモをはじめとしてヤマトイモ、キネイモ、テコイモ、イチョウイモ、トロイモなど数々がある。

昔から山ノイモが鰻になるという諺があって、それが寺島良安の『倭漢三才図会』に書いてある。しかしこれはまじめなこととはだれも信じていないだろうが、中にはまた半信半疑でいる人がないとも限らない。がこれはもとより実際にはあり得べからざることであるのはもちろんだ。しかるにこんな話をつくったのは、たぶん鰻も精力増進の滋養品、山ノイモもまた同じくヌルヌルとした補強品、そして同様に体が長いから、それで上のようなことをいったのではなかろうかと想像する。

今は妻のない私に、千葉県の蕨橿堂君から体の滋養になるとて土地で採ったヤマノイモを贈ってきた。そこでさっそく次の歌をつくり答礼の手紙に添えて同君のもとへ送ったことがあった。

精力のやりばに困る独り者、亡き妻恋しきょうの我が身は

# 三波丁子

三《サン》波《ハ》丁《チヨウ》子《ジ》、今日では絶えて耳にしない妙な草の名である。今から二百四十四年前の宝永六年（1709）に発行になった貝原益軒の『大和本草』巻之七に、変種としてこの名の植物が出で

三月下ㇾ種苗生ジテ後魚汁ヲソ、グベシ此種近年異国ヨリ来ル花ハ山吹ニ似テ単葉アリ千葉アリ九月ニ黄花開キ冬ニイタル可ㇾ愛

と書いてある。そしてその三波の語原は私には解し得ないが、丁子はけだしその花の総苞の状から来たものではないかと思う。

小野蘭山の『大和本草批正』には

三波丁子　一年立ナリ蛮産ナレドモ今ハ多シセンジュギクト称ス秋月苗高五六尺葉互生紅黄草ノ如ニシテ大ナリ花モコウヲウソウノ如ニシテ大サ一寸半許色紅黄単葉モ千葉モアリ葩長ク蔕ハツハノヘタノ如ク又アザミノ如シ九月頃マデ花アリ花鏡ノ万寿菊ニ充ベシ

とある。

『大和本草』にはまた紅黄草が変種として出ていて

六七月ニ黄花ヲ開ク或曰サンハ丁子ハ此千葉ナリト云花色紅黄二種アリ

と述べてある。

右紅黄草について『大和本草批正』には

紅黄草　今誤テホウ〳〵ソウト云マンジュギクト葉同シテ小サシ茎弱シテツルノ如ク直立スルコトアタワズ花五弁ニシテ厚シ内黄ニシテ外赤シ故ニ紅黄草ト云紅黄二種アル故ト云ハ誤ナリ花鏡ノ藤菊又棚菊是ナリ

とある。

上の『大和本草批正』に引用してある万寿菊について『秘伝花鏡』の文を抄出すれば、万寿菊については

万寿菊、根ヨリ発セズ、春間ニ子《タネ》ヲ下ス、花開テ黄金色、繁テ且ツ久シ、性極テ肥ヲ喜《コノ》ム

であるが、『秘伝花鏡』にあるという藤菊を私はどうしても同書に見出し得ない。

さて右の三波丁子はなんの植物であるのかというと、それは上の『大和本草批正』にあるようにセンジュギクというキク科の一年生植物で、一にテンリンカとも称し、その学名は Tagetes erecta *L.* である。すなわちこれはメキシコ原産の花草で、早くからわが国に渡来し、ひいて今日でも国内諸所の花園ならびに人家の庭で見られるが、その葉にも花にも茎にも厭うべき一種の臭気がある。園芸的に改良せられた種類にはその頭状花が大きくかつ八重咲で、多くは黄色ある

いは柑色を呈しみごとである。そしてこの花草は俗にアフリカン・マリゴールドと呼ばれる。上の紅黄草すなわちコウオウソウも同属の花草で、草体センジュギクよりは小さく、花が通常一重咲きで多く付き可憐な姿である。これも諸所で見られるがよく公園の花壇に植えられてある。一にクジャクソウ（孔雀草の意）と呼ばれ、その学名は **Tagetes patula** *L.* である。本品もまたメキシコの原産で俗にフレンチ・マリゴールドと呼ばれる。

この二つの草は飯沼慾斎の『草木図説』巻之十七にその図説がある。コウオウソウの方は『大和本草』にも図があって「黄花形如㆓石竹《ノ》㆒五月開《ニ》㆑花《ヲ》葉《ハ》如㆓野苑豆《ノ》㆒」と書いてある。近代の書物では石井勇義君の『原色 園芸植物図譜』第一巻（1930）に美麗に著わされた原色写真が出ている。

安永五年（1776）に刊行せられた松平君山の『本草正偽』には

万寿菊、単葉重葉アリ俗ニ単葉ノモノヲ天林花ト云ヒ重葉ノモノヲ満洲菊ト云フ万寿菊ノ訛ナリ

と書いてある。

# 植物の「コスモポリタン」

草にも遠来のお客様があって、わが在来の草と親しく相交わって生じ、おたがいに仲よく生活を遂げている。このお客様を世人は帰化植物と称しているが、じつはこれを帰化というのはあまりよい訳字ではない。帰化というと先方にはなくって、こちらへ移り、ひとりこの地のみで繁殖していることになり、向うにもありこちらにもあっては帰化ではない。これを馴化といえば、帰化よりは意味においてよいことになる。この馴化植物はなかなか多いものであるが、その中で最もふつうのもの若干を左に挙げて話してみよう。

## おおいぬふぐり

おおいぬふぐりという草はいぬふぐりの一種である。いぬふぐりというものは、その草の実の円き心皮が二つ並んでちょうど陰嚢のように見えるからで、ふぐりとは陰嚢のことである。このおおいぬふぐりの実もそれに似ている。その花は四裂片の花冠からなり藍色を呈し、まことに可憐なものである。昼は日光を浴びて開き夜は閉じる。二つの雄蕊と一つの雌蕊とがあって、花の中央はやや緑色を呈し、昆虫が来た時このうちに蜜があるぞとその目印となっている。この美麗な花冠は蜜を吸いに来る虫をつる招牌の役をつとめるので、この虫のおかげでその雄蕊の花粉が雌蕊の柱頭に伝えられ、ここに受粉を全うし、咲いた花は始めて第一の役目を済ませて萎むのである。この草は明治二十年頃にはまことに少なく、東京などではただわずかに見受けられたにすぎないが、今はいたるところに盛んに繁茂している雑草となってしまった。これと同属でたちいぬふぐりと呼ぶものがあるが、これも明治十七、八年頃は東京でもわずかに限られた処に生えておったが、今は日本国中に拡まっている。前の種もこの種も、共にその細かい種子は開裂する果実から地上に落ち、雨水のためにその地この地に拡げられ、だんだんその繁殖をたくましうするのである。

古くわが日本へ入ったまめ科のうまごやし（苜蓿）は、東京でも一時盛んに繁茂しておったが、今は市内は勿論のこと市外の近郊でも少しも見えなくなった。相州葉山辺にあるが東京は右のとおりだ。これが東京市辺にある時分、同属のこめつぶうまごやしはきわめて少なかったがこれは今もなお東京で得らるる。

## まつよいぐさ

まつよいぐさ属すなわちOenothera属で、従来日本へ入って今日なお見るものにまつよいぐさ、おおまつよいぐさ、めまつよいぐさならびにつきみそうの四種がある。そのまっ先に来たものはまつよいぐさである。それが今からおよそ七十年ほども前だ。来た当時は鉢などに栽えたものが、後には種子がこぼれてだんだん野生の状態に移り変わり、今は諸州の海浜地ならびに諸国の河原などにふつうに繁殖している。花は大きく色は黄で香りがある。夕方に開き朝に萎む。夕方たくさんに咲いた様は、あたかも月華の流るるがごとしとでも形容すべきものである。花が開きかつ香りを漂わせば、得たりや応と、ゆうがおべっとう式の蛾が得意げに花間を飛び廻り翔け廻り出雲の神様の役目をつとめ、一場所で何十組の結婚が行なわれ、これが毎晩続くのである。おめでたいことである。そしてこの媒酌者へのお礼はあらかじめ備えられたる花中の蜜だ。さあそれからできることできること、その子（種子）がうようよと育ち日ならずしてその家（果実）から生まれ出て地上へ散落する。そこへ雨が降ってその種子が湿ると、それから粘液が出て地上の砂の塵芥などにくっ付き、それから風が吹くとその塵芥などを吹き飛ばすから、それらに連れられて他の方面へ種子が運ばれ、そこで発芽して苗が生ずる。それゆえそれからそれへとこの草が年を追うて拡がる。大河などでは河の上へ河の上へと拡がる。それは河風が河下から河上へ塵芥などを吹き送るからである。おおまつよいぐさをこれに比べると、このものがもし河の縁などに繁殖する時は、まつよいぐさと反対に下へ下へと拡がりゆく。その原因は一つにその種子に粘液が出ると出ないとで分れる。じつに面白いことではないか。おおまつよいぐさは北米の原産であるが、明治十七、八年頃には、東京ではただわずかに品川辺の鉄道の土堤に少々あったくらいであったが、今は日本国中に拡まり諸所で見受けるようになった。今日の人、ことに文士などと称する人はこれを月見草といっているが、これはとんでもない誤りであることは、本当の月見草がどんな草であるかが知れればすぐ分かる。その月見草は白き花を開く品で、決して黄花は咲かない。また決して野生の状態とはなっていない。それは世間ではふつうに見られない。ときとするとただ人家に作られているにすぎない。この品は他の種に比ぶれば弱虫で、野生の状態となるほどの元気がない。茎の高さは一、二尺で、葉は羽状に裂けている。学名を *Oenothera tetraptera Willd.* と称するが、この種名のテトラプテラはその果実に翼状の四稜があるところからかく名づけたものである。松村任三博士の『植物名彙』（改訂の）に *Oenothera biennis L.* をつきみそうとしているのは間違いで、またこれをおおまつよいぐさと同一だとしてあるのも間違い、またこのエノテラ・ビエンニスの学名も間違いで、三拍子揃って間違っているのはまことに御念入りの間違いである。この *Oenothera biennis* の本物は三者で欧洲の原産である。体はおおまつよいぐさに似ているが、花が体のわりあいにすこぶる小さい。色は同じく黄色で、花後たくさんの果実が枝上に連続して付いている。ここそこに野生の状態となっておって、私はこれにめまつよいぐさの新和名を下しておいた。この属の他の品はただ植物園にあるくらいで、決して世間へは拡まっていないのである。

## のぼろぎく

のぼろぎくといふきく科の一種は、高さ数寸からよく生長すると一尺くらいに達する。葉は羽状に分裂し、頭状花は黄花で舌状弁、ふつうの菊に見るような広い花びらがない。柔らかい一年草で東京などにはふつうに生じ、冬頃から早く花が咲いており、四、五月頃最もさかんである。もと欧洲から入ったもので、さわおぐるまなどと同属である。属中にほろぎく（一名さわぎく）というものがあって、通常山中に生ずる。葉状や花形などがそれに似て平地に生えているから、さてこそこれを野ぼろぎくと名づけたもので、北海道の野幌という地名とは関係がない。

この他渡来のもので今雑草となって野生しているものは、ひめじょおん（姫女苑）、ひめむかしよもぎ、ぶたぐさ、あおびゆ、しろつめくさ、むらさきつめくさ、ながはぐさ、むぎくさ、おにのげし、おらんだみみなぐさ、むらさきかたばみ、ながばぎしぎし、あれちぎしぎし、しろばなまんてま、まめぐんばいなずな、ひめこばんそう、ひめすいば、おらんだがらし、はこべ等たくさんの品種がある。

# 『大言海』のダルマソウ

ダルマソウ（達磨草）と呼ぶ植物に二種あって、一つはキク科のダルマソウ、一つはサトイモ科のダルマソウである。このサトイモ科のダルマソウは一にザゼンソウ（キク科のノブキもまたザゼンソウという、すなわち同名異物である）といい、本草学者はこれを『秘伝花鏡』の地湧金蓮に当てている（が、じつは当たっていない）。すなわち Symplocarpus foetidus *Nutt.* なる学名のものである。またキク科のダルマソウはいわゆるダルマギクのことで、寺島良安の『倭漢三才図会』にはこれを仏頭菊（漢名ではない。達磨菊というからそれで仏頭菊と書いたものであろう）としてあり、その学名は Asters spathulifolius *Maxim.* である。本種は筑前ならびに長門両国の海岸地に野生しており、私は先年筑前の自生地で親しくこれを見たのだが、その花色の濃淡は一様ではなく、そしてその茎はまったく革質であった。株全体は矮生で円みを呈し、枝多く葉は枝端に集まりて車状をなしている。

このようにこの両種に同じくダルマソウの名があるもんだから、『大言海』の著者大槻文彦博士は早計にもこれを鵜呑みにして、元来二種たるべきこの草をダルマソウの名のもとに一種の草として混説していられるが、これはよろしく訂正して、これを截然と二種に分かつべきものである。

かくもこの『大言海』には、少なくとも植物にかんしては、書中の諸所に誤謬が少なくないのが事実である。好辞典まことに惜しむべきかなである。

# 蓚酸の蓚の字の由来

今から十六年前の昭和七年二月に発行になった『植物研究雑誌』第八巻第二号の誌上において、横浜市平安堂薬舗主人薬剤師清水藤太郎君が、蓚酸の蓚の字について自信をもって次のように書かれた。

薬品ニ蓚酸ト云フモノガアル、此蓚ハ漢語カ否カ、私ハ之ヲ解決セントシ少シ調査ヲシテ見タ

此蓚ノ字漢字ノ字典ニハ無イ、支那版ノ康熙字典ニモ最近ノ増補版ニモ無イ、日本ノ大漢和字典ニモ近頃ノ日本流ノ漢和字典ニモ国字ニモ国訓ニモナイ、又昔ノ書籍ニハ浅学ニシテ見当ラナイ、従ッテ此語ハ蘭学時代以後ノ国字トシナケレバナラヌ（中略）

此等ヲ綜合スルト蓚ハ「シューリング（シウリング）」ノ音当字ナルコト確実デアル、シカシ此蓚は酸模（すいば）ニモ酢漿草（かたばみ）ニモ当ル

元来「シューリング」ハ蘭語ノzuring（zuuring）デ云々

これによってこれをみると、清水君の説では蓚は蘭語の zuring の音訳文字で、その原語「シュー

リング」に基づきて新たにこしらえた和字すなわち国字であるとなっている。

私はこの清水君の提言をたいへんに興味あるものとし、すなわちそれが清水君によって発明せられた正確な新説であると信じていた。ところがその後新事実の発見によってその見解が不幸にも裏切られ、同君のこの珍説明解も残念ながらこれをとり消さねばならぬ余儀なきに立ちいたった。以下、蓚酸の蓚について拙者の意見を述べてみよう。

化学書、薬物書の中などに出てくる蓚酸（Acidum oxalicum = Oxalic acid）の蓚の字はそもそもどこからの出典字かというと、この蓚は酸模（すなわちスイバ = Rumex Acetosa *L.*）の一名であって、それは支那の昔の有名な学者である郭璞の注から出てきた字である。そしてその郭璞の酢模の注は「羊蹄ニ似テ稍細シ。味酸ニシテ食ウベシ、一ニ蓚ト名ヅクル也」（漢文）であるが、李時珍の『本草綱目』にも蓚が酸模（スイバ）の一名として録せられてある。しかるにここにふしぎなのは、清水君がいわれるようにこの蓚の字があえて字典に見えていないことであるが、これは厳然たる漢字であることが上の郭璞の注で分かる。

Acidum oxalicum は元来酢漿草（すなわちカタバミ = Oxalis corniculatum *L.*）からの酸の意ではあるが、この酢漿草にはおり悪しく一字面であるよい文字がないので、初めてその訳字を作った学者が、同じ酸味を含むスイバ、すなわち酸模のほうから幸いにその一字面を見付け出してそれを拉し来たり、そこで蓚酸の字面を作ったものである。

天保六年（1835）に出版になった宇田川榕菴の『植学啓原』巻の三に

藤酸加里（酸模、虎杖、秋海棠等、有之）……藤酸加爾基（大黄等有之）

と出で、このごとく蓚酸の語が見えている。そしてなお同書には、これら「植物所有之塩類」はつまびらかに『開物全書』に載すとある。そうするとその蓚酸の語はこの『開物全書』にあるわけだ。すなわちこの『開物全書』は同じく宇田川榕菴の著書であるが未刊の稿本である。そして蓚酸の語はたぶんこの書に出ているのが最初で、それは榕菴が工夫創作した訳字であろうと推察する。上の『植学啓原』よりも前に世に出た文政二年（1819）発行、宇田川榛斎訳定、同榕菴校集の『和蘭薬鏡』（三冊のみ出版）、ならびに文政十三年すなわち天保元年（1830）発行、宇田川榛斎訳述、同榕菴校補の『新訂増補和蘭薬鏡』、また文政五年〜八年（1822〜25）発行、宇田川榛斎訳述、同榕菴校補の『遠西医方名物考』、天保四年〜六年（1833〜35）発行の同書『補遺』には蓚酸の語は見えていなく、また『厚生新編』にもその語は出ていない。しかし榕菴の『舎密開宗』には蓚酸の語が載っている。

それからずっと後慶応二年（1866）に出版になった坪井信良の『新薬百品考』書中に蓚酸の語が見え、また明治五年（1872）刊行、小林義直の『理礼氏薬物学』、同七年（1874）出版、伊藤謙《ゆづる》の『薬品名彙』、明治十一年（1878）出版、菅野虎太の『羅甸七科字典』にも同じく蓚酸の語が載っており、これより以後の書物には無論それがときどき出ているようになって今日におよびついに普通語となっているが、その源流を書いてみるとまず上のとおりである。

# 新井白石のフジバカマ語原説

新井白石（君美、享保十年乙巳五月十九日歿す、齢六十九）の著『東雅』によれば、蘭すなわちフジバカマについて次のように述べている。

フジバカマといふ義不詳。其花淡紫色、此に藤といふ色に似て。其弁の筩をなせしが袴に似たる所あれば藤袴とはいひしなるべし（猶俗に藁の袴などあるが如し）。

右のように白石は「なるべし」といって「けだし」の意となし「なり」と断言はしていないが、しかしフジバカマ（藤袴）のハカマは確かにその頭状花（Capitulum）中の小花（Floret）の花冠筒（Corolla-tube）を指していっている。そしてそれは多くの人々をして世にも斬新な解説としてあるいは感歎せしむるかも知れないが、他人は知らず少なくとも私には、それはごもっともだと満足させてくれるだけの迫力を持ってはいないと感ぜしめる。それはどういうわけなのか。

そもそもフジバカマの名称はいつごろできたか。それはこの草がかの山上憶良《やまのへのおくら》の秋の七種《ななくさ》の歌として詠んだその歌、すなわち

芽《はぎ》之《が》花《はな》乎《を》花《ばな》葛《くず》花《ばな》瞿麦《なでしこ》之《の》花《はな》姫部志《をみなべし》又《また》藤袴《ふぢばかま》朝貌《あさがほ》之《の》花《はな》

の中にあるところをもってみれば、これは今からおよそ一千二百余年も前である。そしてこの時代の人が初めてその藤袴の名をつけるに当たって、今日の植物学者でさえもレンズの下でやっと認め得るような検査をしてその細かしい点をわざわざ捜し出し、それに基づいてその草の名を作るような面倒を実行したことはよもあるまい。ゆえに白石がその頭状花中にある小さい管状小花の花冠筒部に基づいてフジバカマの名ができたように小賢しくいっているのは、これは決して実際に即せず、かつ時代を参酌せぬ愚劣な説であると私はなんの悪びれもせず彼の言を批評し去るを辞さないのである。

それからまた七クサの中のフジバカマが今日世人が信じているように果してキク科の属の Eupatorium 属の品、すなわち E.stoechadosum *Hance*（この種名はクチビルバナ科の南欧産なる有香常緑矮灌木 Lavandula Stoechas *L.* に基づく）であったかどうかもじつのところ別になんの証拠もない。ただ昔からそういい慣わし来たってやはり今もなおそう続けているというにすぎないから、じつはそれが本当か否かはっきりと判然しないうらみがある。また人によりフジバカマはリンドウ（竜胆）ではないかとの説もあるが、これとても別にそうだと肯定する証拠もなければ、またそうでないと否定する証拠もない。フジバカマの意味を解することのできやすいものとしては、紫の花色、袴状の花冠を持つこのリンドウならばうまくそれにはまらんこともないではないが、ただその開花の季節が少しくおくれ、ために落伍している残念さがある。

蘭というと一般世人はラン科（Orchidaceae）植物のランだと思っているが、じつは蘭の字は元来フジバカマなる香草そのものの専有名である。そして後世になってその字を花に香りのあるラン科のランに借用におよんだわけだ。そこでついに蘭が二つあることになって煩わしいので、支那の昔の学者がフジバカマの方を蘭草とし、ランの方を蘭花としてその両者の混乱するのを防いだ。これはフジバカマには全草に香りがあるから蘭に草の字を添えて蘭草とし、またランにはただ花のみに香りがあるから蘭に花の字を加えて蘭花としたものである。

前満洲皇室の紋章はフジバカマの蘭であってラン科の蘭とはなんの関係もないが、世人の多くは右紋章のものをラン科の蘭に基づいたものだと合点しているのはトンデモナイ誤りで、抱腹絶倒わが無学の丸出しである。そしてこの紋章の根元をなすものは無論かの『易経』にある

二人同㆑心、其利断㆑金、同心之言、其臭《ニオイ》如㆑蘭

であって、この金言の蘭はフジバカマそのものである。支那では昔からこのフジバカマの蘭を非常に尊重したものであるので、同国の古典、すなわち前記の『易経』を初めとして『礼記』、『楚辞』、『漢書』、『西京雑記』、『風俗通』などにある蘭はみなことごとくフジバカマのことであり、また『詩経』にある蕳もまた同じくフジバカマの蘭である。

# オカノリすなわち陸海苔

朝鮮に在勤しておられた理学士竹中要君から、同国で蔬菜として作ってあった葵、すなわちMalva verticillata *L.* の種子を先年送ってもらい、当時それを東京板橋区大泉の家圃へ播き栽培したことがあった。ところが面白いことにはその苗の中に偶然にもいわゆるオカノリ（陸海苔の意）がまじって生えた事実があった。またこれとは反対にオカノリからアオイが変生した事実もある。

オカノリはアオイ科（Malvaceae）に属する一越年草本で、リンネ氏が彼の著、一七五三年に刊行せられたSpecies Plantarumで公にしたMalva verticillata *L.* var. *B.* crispa *L.* がその適当な学名である。そしてこれを特立した品種と考えてM. crispa *L.* の学名とするのはよろしくない。すなわちこの品はまったく葵の一変種たるにほかならないからである。それはその形態の標徴が示すばかりでなく、前記のとおりそれが葵の中から出生し、またオカノリからアオイが変生することによっても了解せられるのである。

このオカノリはわが邦には徳川時代からあって、それがまず小野蘭山の『本草綱目啓蒙』に出て葵の条下に左のとおり書いてある。

葵……花ハ春ヨリ冬ニ至マデ開謝相続キ寒中ニモ花アリ冬葵ノ生葉ヲ採焙リ末トナシ食用トナシ乾苔ニ代ベシ一種葉辺ビラツキテ平カナラザルモノアリ最可ナリ故ニ其草ヲヲカノリト呼

次いで岩崎灌園の『本草図譜』には着色図を伴い

形状冬葵に似て葉の周りうねりて皺あり花実も冬葵と同じ葉を採り暴《にわか》に乾し微し炮《あぶ》り揉て煮物へ振りかけ食へば味ヒ乾苔《ほしのり》に似たり故にをかのりと名づく

と書いてある。また飯沼慾斎の『草木図説』にもフユアフヒ（冬葵）の条下に

一種葉縁皺波紋ヲナスアリ。コレヲヲカノリト云。葉形花蕋全ク同フシテ。只葉縁ニ皺縮アルノミ。葉ヲ焙末シテ乾苔ノ代ニ用ウルニ此種最佳ナルヲ以テ。特リ此種ニソノ名ヲ帯ブ

と出ている。その他水谷豊文の『物品識名』にも「ヲカノリ　冬葵《フユアフヒ》一種」と出で、また丹波頼理の『本草薬名備考和訓鈔』にも「ヲカノリ冬葵《トウキ》〔本綱十六〕以二嫩葉《ワカバ》一青苔《アヲノリ》ニ代」と載せてある。今日でも昔支那からでも来たタネか、それともあるいはアオイから変生したかのタネが伝わっていて、地方での圃中には往々少しばかり栽えてあることを見受けることがあるが、しかし大量に作ってあるところはない。国によりハタケノリだのノリナだのノリだのオカアオノリだのの方言がある。そしてその葉をあぶり乾かし粉末として飯上に振りかけ、海苔《ノリ》の代用品とする。またところによりてはあぶって結び飯を巻き用うることもある。

右オカノリの親にあたる葵、すなわち冬葵のアオイ一名フユアオイも大いに畑に作って食料にあてたらよろしい。支那でも朝鮮でもこれを菜として作るようだが、わが邦ではトントそんなことはない。しかし昔はところによって多少これを作り食したこともあったが、一般には普及せずまた栽培の永続性もなかった。支那ではまたこれを葵菜とも冬寒菜とも呼ばれ、上古はそれを百菜の主と称えて貴ばれたといわれる。

## シソのタネ、エゴマのタネ

シソ（紫蘇、または蘇）のタネ、エゴマ（荏）のタネと俗に呼んでいるものはじつは純然たる種子ではなく、純種子を含んだ果実である。植物学者はそんなことは朝飯前に知っているが、ふつうの人々には、それが分かるまい。あの小さい種子らしい粒を見て種子であると思うのはむりもない。

このシソあるいはエゴマの種子だと見えるものは、じつはその果実の四つに割れた一部分で、始めそれが宿存萼の奥底に鎮座しているのだが、熟するとばらばらの四粒となって萼内からこぼれ落ちるのである。そしてその円い球形の粒の表面には皺がある。この粒の中に本当の種子が一個ずつ入っている。そしてその粒は割れないから、その中の種子は外から見えない。

このシソならびにエゴマの子房は、元来合体した二心皮からできており、それが縊れて二つになり、両方の各心皮の中に二個の卵子があるから、つまり一子房には四つの卵子があるわけだ。そしてこの一子房を形成せる二心皮が再び二つに縊れていて、その両方に各一個ずつの卵子がある。今これを上から見ると、そこに四つの体《からだ》をなして行儀よく並んでいる。

右の子房が熟すると、元来は果実分類上の蒴となる。そしてその四分体、その内部に各一個の種子を含んだ四分体がばらばらになって宿存萼の底から出てきて地面に落ちる。すなわちこの四分体がいわゆるシソのタネ、エゴマのタネである。植物学者はこの種子様のものを小瘦果（Nucule）あるいは小堅果（Nutlet）といっている。

シソもエゴマも元来は同種異品のものであるが、その用途は違っている。すなわち紫蘇は西洋ではその葉の紫色を愛でて観賞植物となっているが、日本ではよい香りのあるその葉がアオジソとともに香味料食品となっている。エゴマ（荏）はそのタネから搾った油を荏の油と称し、合羽、傘などに使用し、また食料とすることもある。しかし胡麻のタネは本当の純種子である。そしてゴマには通常黒ゴマ、白ゴマ、金ゴマがある。

# 匂いあるかなきかの麝香草

諸地の山中にはジャコウソウと称する宿根草があって、クチビルバナ科に属し、夏に淡紅紫色の大形の唇形花を茎梢葉腋の短き聚繖梗に開き、茎は叢生直立し方形で高さ三尺内外もあり、葉は闊くして尖り対生する。その学名を Chelonopsis moschata *Miq.* と称する。

小野蘭山の口授した『本草記聞』芳草類、薫草（零陵香）の条下に

サテ此ノ本条〔牧野いう、薫草零陵香を指す〕ノコト前方ヨリ山海経ノ説ニヨリテ麝香草ヲ当ツ、ソレモトクト当ラズ、是モ貴船ニ多シ宿根ヨリ生ズ一名ワレモカウ〈地楡又萱ノ類ニ同名アリ〉苗ノ高サ一尺五六寸斗紫茎胡麻葉ニ似タリ葉末広シ細長クアラキ鋸歯アリ方茎対生八九月頃葉間ヨリ一寸程ノ花下垂シテ生ズ薄紫也一茎ニ一輪胡麻ノ花形ニ似テ大也桐ノ花ヨリ小也花葶余程大ナル鈴ノ形也夢渓筆談ニモ鈴子香鈴々香ノ一名アリ花ノ形ニヨリテ名ヅクル也鈴子ノアルヲ択ムベシトアリ風ニツレテ麝香ノ匂ヒアリ、チギリテハ却テ臭気アリ時珍ノ説ノ如ク土零陵香ニ当ルヨシ

と述べ、また蘭山の『本草綱目啓蒙』巻之十、芽草類の薫草零陵香の条下には

ジャコウソウ（Chelonopsis moschata *Miq.*）
写生の名手関根雲停筆，牧野結網修正

又山海経ノ薫草ヲジャカウサウニ充ル古説ハ穏カナラズ、ジャカウサウハ生ノ時苗葉ヲ撼動スレバ其香気麝香ノ如シ葉ヲ揉或ハ乾セバ香気ナシ漢名彙苑詳注ノ麝草ニ近シ

と書いてある。

同じく小野蘭山口授の『本草訳説』（内題は『本草綱目訳説』）には

恕庵（牧野いう、松岡恕庵）先生秘説（蘭品）ニハ山海経ノ薫草ヲ和ニ麝香草ト称ルモノニ

充ツ未的切ナラズ麝香草ハ生ニテ動揺スレバ香気アリ乾セバ香気ナシ漢名麝草〈王氏彙苑〉

と出ている。

実際この草は麝香の匂いがすると誇りやかにいい得るほどのものではない。それが多数生えているところに行きその苗葉を揺さぶり動かすと、じつに微々ほうふつとしてただわずかに麝香の匂いの気がするかのように感ずる程度にすぎなく、ジャコウソウという名を堂々とその草に負わすだけの資質はない。『花彙』のジャコウソウの文中にはこれを誇張して述べ

茎葉ヲ採リ遠ク払ヘバ暗ニ香気馥郁タリ宛モ当門子《ジャカウ》ノ如シ親シク挼揉スレバ却テ草気アリ

と書いてある。

この植物について研究したミケル（Miquel）氏は、これを新属のものとして Chelonopsis（Chelone 属すなわち亀頭バナ属に似たる意）属を建て、そして Chelonopsis moschata *Miq.* の新学名を設けた。この種名の moschata は麝香ノ香気アルの意で、その草に触れれば麝香の匂いがする（attactu odori moschati）という事がらに基づいてこれを用いたわけだ。日本にはこのジャコウソウの品種が三つあって、それはジャコウソウ、タニジャコウソウ（Chelonopsis longipes *Makino*）、アシタカジャコウソウ（Chelonopsis Yagiharana *His. et Mat.*）である。

右ジャコウソウ属すなわちミケル氏の付けた Chelonopsis の名称を誘致した北米産 Chelone 属（亀頭バナ属、亀頭は花冠の状による）には属中に、Chelone Lyonii *Pursh.*（ジャコウソウモドキ）と

Chelone glabra *L.* と Chelone obliqua *L.* があるが、ともに西半球北米の地に花咲く宿根草である。そして右ジャコウソウモドキは園芸植物となってわが国にも来たり、ときどき市中の花店へ切り花として出ていた。石井勇義君の『原色 園芸植物図譜』にはその原色図版がある。

上の『山海経』にある薫草は、けだし零陵香の一名なる薫草と同じものであろう。またこれは蕙草ともいわれる。すなわちクチビルバナ科のカミメボウキ（神目箒の意）で Ocimum sanctum *L.* の学名を有し、メボウキすなわち Ocimum Bacilicum *L.* と姉妹品である。

# 狐の剃刀

キツネノカミソリ、それは面白い名である。狐もときには鬚でも剃っておめかしをするとみえる。それからこのコンコンサマが口から火を吹き出すこともあれば、また美女に化けて人をたぶらかすという段取りになるのだが舞台が違うからここでは省略だ。

このキツネノカミソリはヒガンバナ科（マンジュシャゲ科、石蒜科）のいわゆる球根草で、日本国中諸所の林下に生じ、秋八月から九月にかけて柑赤色の花が二、三輪独茎の頂に咲く。だれもこれを庭に植える人はないが、しかしそう見限ったもんでもない。学名を Lycoris sanguinea *Maxim.* というのだが、この種名の sanguinea は血赤色の意で、その花色に基づいたものである。

この属すなわち Lycoris 属には日本に五種があって、その一はキツネノカミソリ、その二は桃色の花が咲き属中で一番大きなナツズイセン、その三は黄花の咲くショウキラン、その四は赤花が咲き最もふつうでまた多量に生えているヒガンバナ一名マンジュシャゲ、その五は白色あるいは帯黄白色の花が咲き、ヒガンバナとショウキランとの間の子だと私の推定するシロバナマンジュシャゲである。今日までまだ純粋の白色ヒガンバナを得ないのが残念であるが、しかしこれはどこかにあるような気がする。というのは、数年前摂津の某所にそれが一度珍しく見付かったことがあったからである。惜しいことには、その白花品をある小学校の先生が他へ運んでついになくしたという事件があった。私は人に頼んでその顛末を詮議してもらったけれど、ついにそれを突きとめることができず、よく判らずにすんでしまった。

さて狐の剃刀とはその狭長な葉の形に基づいた名だ。ときとするとヒガンバナに対してもキツネノカミソリの名を呼んでいるところがある。

これらの地中の球は俗には球根といっているが、じつは根ではなく、真の根は鬚状をなして球の底部から発出しているいわゆる鬚根である。そしてこの球はごく短い地下茎と地中の葉鞘からなっており、その大部はこの変形した葉鞘で、それは嚢のように膨らんだ筒をなし層々と重なり、そこに養分が貯えられているから厚ぼったい。この部からは澱粉がとれる。元来この球には毒分（リコリンというアルカロイド）があるが、澱粉には無論この毒はない。またこの球を潰して流水に晒せばその毒分が流れ出て、その残ったものは餅に入れて食べられる。そしてこの球根を植物学上では襲重鱗茎（tunicated bulb）と称するが、しかしこの茎と指すところは前述のとおりのきわめて短い茎で球の底部にあり、この茎から地下葉が重なりつつ生じている。ユリ類の鱗茎はバラバラになった地下葉が出ているが、ヒガンバナ、キツネノカミソリなどは前記のとおり地下葉が嚢様の筒となって重なっている。これは水仙も同じことだ。

これらは花の咲くときは葉がなく、葉は花がすんだあとで出て春に枯れる。その後秋になるとまた忽然と花が出る。ゆえにヒガンバナに「葉見ず花見ず」の名がある。これはヒガンバナにかぎらず、キツネノカミソリでもナツズイセンなどでもこの属の植物はみな同じである。今これを星に喩うれば参商《シンショウ》の二星が天空で相会わぬと同趣だ。

私はこの属に今一種あることを知っている。そうすると日本のこの属のものが六種となる。それはオオキツネノカミソリ（新称）であって、今その学名をLycoris kiusiana *Makino*（sp. nov.）と定めた。そしてその概説は An allied species to Lycoris sanguinea *Maxim.*, but the leaves broader and the flower larger than, and its colour similar to those of the latter. Perianth lobes larger and broader. Stamens much exserted（= *Lycoris sanguinea* Maxim.*var. kiusiana* Makino, in herb.）であるが、なおその詳説は拙著『牧野植物混混録』に掲載する。

この襲重鱗茎球の外面は他のヒガンバナなどと同様に黒色となっているが、これはその球を包んでいる地中の葉鞘が老いて、その内容物を失い、黒い薄膜となって球の外面を被覆しているのである。

（注…参と商はともに星の名。遠く南々西と東に相隔たっていて会うことがないといわれ、また別れて後久しく会わない場合などに喩えられる）

# 朝鮮でワングルと呼ぶカンエンガヤツリ

カヤツリグサ科の中にカンエンガヤツリ〔灌園蚊屋吊の意〕という緑色一年生の大きなカヤツリグサ一種があって *Cyperus Iwasakii Makino* の学名を有する。これは岩崎灌園の著『本草図譜』巻之七にその図が出て、灌園はそれを

水莎草《すゐしやさう》〔救荒本草磚子苗注〕水生のかやつりぐさなり苗葉三稜に似て陸生〔牧野いう、陸生の意味分からぬ〕より長大なり高さ三四尺武州不忍の池に多し

と書いている。ただしこれを単に名のみしか書いてない右『救荒本草』の水莎草にあてるのはじつによいかげんな想像で、なんら信拠するに足らないものである。しかしそれはそれとして、とにかく灌園が始めてこの図を公にした功を称え、さきに上の記念学名を発表したゆえんである。

このカンエンガヤツリは元来日本の植物ではなく、それは南鮮方面の原産である。同国ではこれを莞草《カンチヨウ》、すなわちワングルまたはワンコル〔Wangkul〕と称え、人によってはタタミガヤツリの名を作っている。これは筵蓆を織って経済的に利用している著明な草本で、京畿の江華、全南の宝城、慶北の金泉、軍威等はその名産地だといわれる。そして日本人の間では右の筵蓆を一般

に江華筵として知られていると村田懋麿氏の『土名対照鮮満植物字彙』（昭和七年、1932発行）に出ている。同書ならびに大正十一年（1922）に朝鮮総督府学務局で発行になった森為三氏の『朝鮮植物名彙』にその学名をば Cyperus exaltatus *Retz.* としてあるが、それは確かに間違っている。

日本、ことに東京付近では、おりにふれてときどきこのカンエンガヤツリが臨時に繁殖する面白い現象があることに留意すべきだ。すなわちそれはあるしばしの年間は繁殖していても、まもなくそこにそれが絶え、さらにまた突然と生えて繁茂している。そしてその繁殖場所はこれが水生植物であるがゆえに、いつも水の区で、すなわち池、濠あるいは河沿いの溜水池である。東京上野公園下の不忍池では往時から幾度もその繁殖の消長をくり返している。上の灌園の文にも不忍池に生じていたことがあり、私も明治二十何年かに大いにそれが繁殖してヌマガヤツリ（Cyperus glomeratus *L.*）とともに生えていて、松田定久君とともに心ゆくまで採集したことがあったが、そのときたまたまこれらの莎草科品の大当り年であった。その後同池ではあるいは生えあるいは消え、その消長は常なかったが、大正十五年（1926）の秋にもまた大いに繁殖した。それを今は故人となった緒方正資君が、その年十一月発行の『植物研究雑誌』第三巻第十一号に「エジプトのパピルスを想起せしむるくわんゑんがやつり」と題して写真入りで報じ

今年〔大正十五年〕東京上野公園下の不忍池に発生した灌園がやつりの大群落に出会た人は誰れか歎声を放たざるものありやと問ひたい、蓋し本年は不忍池の水を乾かしたので池の

中央部の方が浅くなった為めか例年は池畔に僅に其形骸を現はすに過ぎざりし此大莎草が池の真中の方まで突進して蓮の中間に列をなして発生して居るのは実に偉観たるを失はない、一体此灌園がやつりなるものは吾国に矢鱈に見付かるものではない、現に不忍池のものも年によりて隆替し殆んど其形を認めざる年すらある、而して朝鮮には本植物（即ち莞草）が繁生し此偉大（三乃至四尺）なる茎を以て蓆を織るそうだ、そこで牧野先生は本植物は元来吾国にはなく遠く渡り来る水鳥が時々朝鮮辺から其実（極めて砕小な大きさのものである）を持って来るのではあるまいかと云ふ想像説をさへ吐かれつゝある

と述べてある。

また明治二十何年ごろ、東京麴町区三番町沿いのお濠にも一叢《ひとむら》大いに繁殖していたことがあって喜んで採集したが、その丈はおよそ五尺ほどにも成長していた。また同じく明治二十年ごろ小岩村江戸川寄りの水沢地でも出会った。

右のように本品はその生育場所に永続性がなく、そこに生えていたかと思うとその翌年は見られなくなるまぼろしガヤツリである。元来は一年生植物（annual）だが、それがあたかも多年生本（perennial）のごとく意外に大形にかつ強壮に成長する。したがって果穂も大きく繁く、その小穂（spiculae）もじつに無数にできているから非常におびただしい実が稔るわけである。それゆえそれが豊産の翌年にはその場所の辺には大繁殖を見ねばならん理窟だ。が、しかしそううまく

ゆくこともあるにはあるが、またなにかの原因でそうゆかないこともあるらしい。とにかくこのカヤツリ草は日本の土地に腰が据わらないのが事実で、どうも縁がない。つまり居心地が悪く、ゆえにチョット一時寄留するにすぎない草のようである。

私の考えるところでは、なにがその実を日本へ持ってくるのかというと、風か、否、それは疑いもなく水禽《みずどり》であろう。なんの水禽か。私は鳥類にはまったくの素人であるから分からんが、たぶん雁か、鴨などのような渡り鳥が秋の末にこのカヤツリ草の繁茂している朝鮮などの田圃で食物をあさるとき、泥にまじったこの草の細かいその実すなわち種子様小堅果を偶然に脚へ付けるか、あるいは羽の間へ入ったのをそのまま日本へ飛んできて、この地で新たに食物を求めさがすとき、自然それを池などへ落とすのである。そしてこの事実が始終くり返されているのである。

以上書いた事実は、従来まだだれもが説破しなかったものであった。

ついでに書いてみるが、上の岩崎灌園の『本草図譜』巻之七にはカヤツリグサ科植物が十一種載っている。先に大沼宏平君がその学名を考訂して刊行の『図譜』に書いているが、誤謬があるから今ここに右大沼君の考訂をさらに考訂してみよう。

荊三稜《けいさんりよう》　みくり（和名鈔）↑（大沼是）

おおかやつり↑（大沼是）

莎草香附子《しやそうこうぶし》　はますげ（本草和名）↑（大沼是）

一種　水莎草《すいしやそう》（救荒本草磚子苗注）↑（大沼非、これはカンエンガヤツリだ）
一種　かやつりぐさ↑（大沼是）
一種　陸生云々↑（大沼非、これはヒナガヤツリだ）
一種　苗葉云々↑（大沼非、これはヌマガヤツリだ）
一種　水辺に生じ云々↑（大沼非、これはタマガヤツリだ）
一種　苗小云々↑（大沼非、これはアオガヤツリだ）
一種　こうげん↑（大沼是）
一種　苗小さくして云々↑（大沼是）

本書の植物につき大沼君の学名考訂にはずいぶんと間違いがある。この書をひもとく人は心すべきだ。

# 万年芝

きょうはかつて昭和九年（1934）六月発行の雑誌『本草』第二十二号に発表せる左の拙文「万年芝の一瞥」を図とともに転載するために筆をとった。

## 万年芝の一瞥

マンネンタケはいわゆる芝すなわち霊芝の一つで、菌類中担子苗門の多孔菌科に属し Fomes japonica *Fr.* の学名を有するものである。これはその菌蓋《カサ》ふつうはその柄がその蓋の一方辺縁のところに付いているが、その多数の中にはその柄が菌蓋の裏面真中に付いて正しい楯形を呈するものが珍しくない。そしてこの楯形品と普通品との間にはその中間型のものを見ること決して珍しい現われではない。私は今このような種々の型の標品を所蔵しているが、これはかつて常州の筑波山の売店で多数これを買いこんできたものである。また私はいく年か前にこの楯形型のものを播州で得たこともあった。

マンネンタケには別にサイハイタケ、カドイデダケ、カドデダケ、キッショウダケ、レイシなどのめでたい名もあれば、またマゴジャクシ、ネコジャクシ、ヤマノカミノシャクシなどの形から来た名もある。

支那の説では芝には五色の品があるということだ。この五色芝を小野蘭山は

仙薬ニシテ尋常ノ品ニ非ズ其説所尤モ怪シク信ズベカラズ

と書いているが、それはまさにそのとおりであろうと思う。

わが国の学者は上のマンネンタケを霊芝の中の紫芝にあてている。これは『本草綱目』に芝に五品あるとしてこれを青芝、赤芝、黄芝（金芝）、白芝（一名玉芝、素芝）、紫芝（一名木芝）に分かっており、その紫芝をマンネンタケにあてたものである。

支那の書物の『秘伝花鏡』の霊芝の文を左に紹介しよう、なかなか面白く書いてある。

霊芝、一名は三秀、王者の徳仁なれば則ち生ず、市食の菌に非ずして、乃ち瑞草なり、種類同じからず、惟黄紫二色の者、山中常にあり、其形鹿角の如く或は繖蓋の如し、皆堅実芳香、之を叩けば声あり、服食家多く採りて帰り、籮を以て盛り飯甑の上に置き、蒸し熟し晒し乾せば、蔵すること久しうして壊れず、備えて道糧を作す、又芝草は一年に三たび花さく、之を食えば人をして長生せしむ、然れども芝は山川の霊異を稟て生ずと雖も、亦種植すべし、道家之を植うる法、毎に糯米飯を以て搗爛し、雄黄鹿頭血を加え、曝乾の冬笋を包み、冬至の日を候て、土中に埋れば自ら出づ、或は薬を灌いで老樹腐爛の処に入れば、来年雷雨の後、

即ち各色の霊芝を得べし、雅人取りて盆松の下、蘭蕙の中に置けば、甚だ逸致あり、且能く久しきに耐えて壊れず

であって、これに付けて五色芝、木芝、草芝、石芝、肉芝の諸品が挙げられ、そのあとに下の文章がある。

芝は原と仙品、其形色変幻、端倪すべきなし、故に霊芝の称あり、惟有縁の者之に遇うことを得るのみ、採芝図所載の名目に拠るに、数百種あり、茲に止だ其十分の三を録し、以て山林高隠の士、服食を為す参巧の一助に備うるなり

唐画中によく霊芝が描いてあるが、いつもその菌蓋上面に太い鬚線が描き足してあるのを見る。これをたぶんその蓋面へ松の葉が落ちているに擬したものであろうか。これは画工であればよくそのワケを知っているであろう。

芝の字はもとは之の字であって、これは篆文に草が地上に生ずる形にかたどっての字である。しかるに後の人がこの字を借りてこれを語辞としたのでやむを得ず、ついに草をその字上に加えてこれを分かつようにしたとのことであると見えている。

芝について李時珍はその著『本草綱目』の芝の「集解《しっかい》」にこれを述べているが、その文中に

芝の類甚だ多し亦花実ある者あり、本草に惟六芝を以て名を標わす然れども其種属を識らずんばあるべからず、神農経に云わく、山川雲雨四時五行陰陽昼夜の精以て五色の神芝を生

じ聖王の休祥と為る、瑞応図に云わく、芝草は常に六月を以て生ず春青く夏紫に秋白く冬黒しと、葛洪が抱朴子に云わく、芝に石芝木芝肉芝菌芝ありて凡そ数百種なり云々の語がある。

案ずるに支那で芝と唱えるものはその範囲がすこぶる広く、中には無論マンネンタケのような菌類もあるが、なお他の異形の菌類もある。また海にある珊瑚礁の一種であるキクメイ石のごときものも含まれているようである。また玉のような石もあり、また方解石のようなものもありはせぬかと思われる。また菌形を呈した寄生植物などもあるようである。

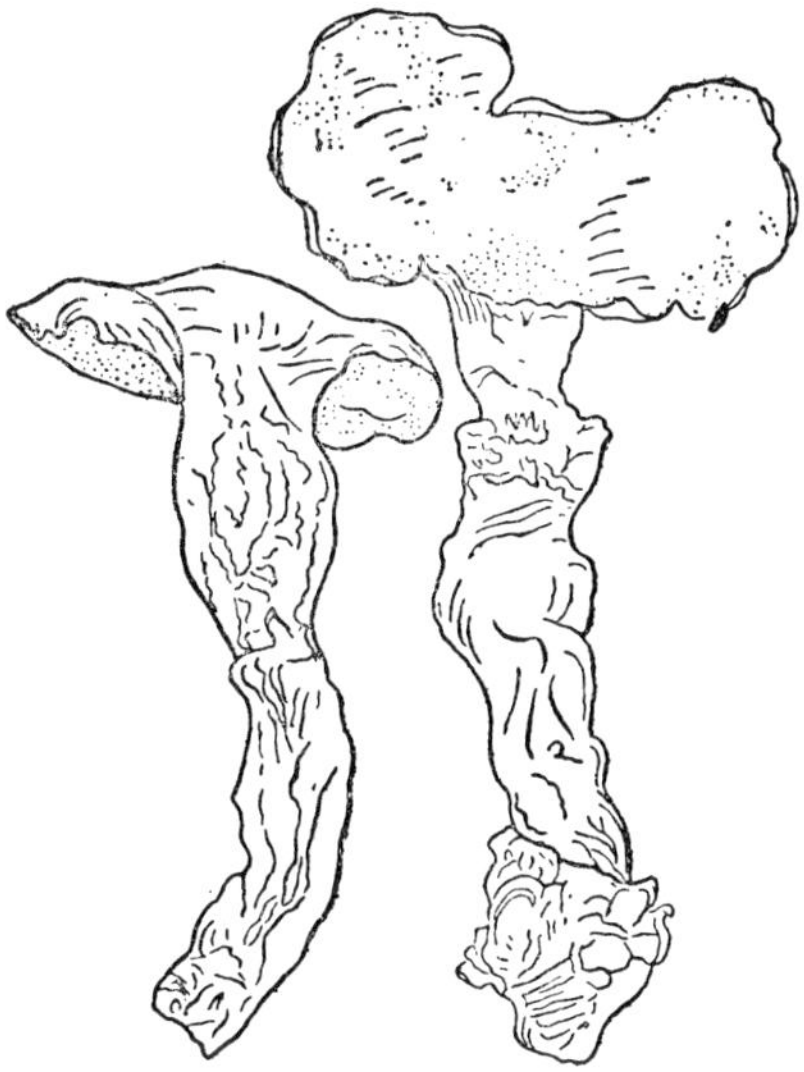

Boletus dimidiatus *Thunb.*
*Mannen Takl*
(*Thunberg,* Fl. Jap. p. 348, tab. XXXIV)
Fomes dimidiatus *Makino* (nov. comb.)
マンネンタケ

雑誌『本草』誌上の文は右で終わっているが、今いささかそれへ書き足してみれば、上の楯形をしたマンネンタケへ対し私は forma peltatus(これは楯形の意）の新品名を設け、これを Fomes dimidiatus（*Thunb.*）*Makino*, nov. comb.（= *Boletus dimidiata* Thunb. Fl. Jap. p. 348, tab. XXXIX. 1784）forma peltatus *Makino*（Stipe inserted to pileus centrally or excentrically.）と定め、そしてそれをカラカサマンネンタケと新称する。川村清一博士の『食菌と毒菌』ならびに『日本菌類図説』、朝比奈泰彦博士監修の『日本隠花植物図鑑』、または広江勇博士の『最新応用菌蕈学』等の諸書には、この楯形を呈した品すなわち forma はいっこうに書いてないところをもってみると、菌学者もあまりこれを見ていないようだ。

右 Thunberg 氏の著 Flora Japonica（1784わが天明四年、今から百六十九年前刊行）の書に出ている記載文を伴ったマンネンタケの図を同書から写して上に掲げてみる。これは西洋の書物に載っている本菌最初の写生図である。

先年私は広島県安芸の国の三段峡入口で銀白色を呈していたマンネンタケ一個、その菌蓋の直径およそ十センチメートルばかりのものを得て東京に持ち帰った。その菌体の色から私はこれをシロマンネンタケと名づけたが、その学名は未詳である。たぶん一つの新種に属するものであろうと想像するが、そのうち菌学専門家に聴いてみたいと思っている。

# アマリリス

ふつうに園芸界ならびに世間でアマリリスと呼ぶものは、決して Amaryllis Belladonna *L.* を指していっているのではない。この *A.* Belladonna *L.* は、単にこれをアマリリスとはいわないでベラドナ・リリー（Belladonna Lily）と称するのである。そして今わが邦では一般にはこれを見ないが、たぶん東京帝国大学の小石川植物園には作っているであろう。和名をホンアマリリスという人もあるが、私はこれをアケボノノズイセンと呼んでいる。花は薔薇色で美しく香気がある。花茎頂に中形の数花を繖形に出して夏秋の間に開花し、葉は花後に出る。ゆえに花のときには葉はない。

世間俗称のアマリリスは Amaryllis ですけれど、これは往時この Amaryllis なる属が、その属中に種々な植物を含んで呼ばれし時分にその中にあった今日の Hippeastrum（ジャガタラズイセン属）のものがいちばんきわだって壮麗な花を開いて、王者みたいな位置を占めていたためその類を特にアマリリスと俗称するようになったのである。それはちょうど大菊中菊のごとき家植の菊を、俗にクリサンテムム（Chrysanthemum）と呼んでいるのと同一轍である。

その後学者の研究によって、その広汎な Amaryllis 属はその属中の多くの植物がいくつかの独立新属となりて分裂し、その中でただ一種のみが取り残されて Amaryllis 属の本塁を孤守するようになった。すなわちそれが Amaryllis Belladonna *L.* である。しかるにこの品がこのようにまさにアマリリスの正品であるにかかわらず、世間では決して単にこれをアマリリスとはいわないのである。そしてこれを既に前に書いたようにベラドナ・リリーといい、単にアマリリスと俗称するものはこれも前に述べたように Hippeastrum 属の品種であって、ふつうには特にその雑種である H. hybridum を指して呼んでいるのである。

今日わが邦で往々 Amaryllis Belladonna *L.* をアマリリスだと書き、また Hippeastrum たるべきアマリリスの学名を Amaryllis Belladonna *L.* としてあるごときは共にその認識の誤っているのを表わしたものにほかならない。

終りに臨んで重ねていうが、世間でいうアマリリスは決して Amaryllis Belladonna *L.* ではなく、また A. Belladonna *L.* には決してアマリリスの俗称はない。『日本植物総覧』に A. Belladonna *L.* をアマリリスとしてあるのは、根本莞爾氏が間違えて書いたものであるから、これに従うてはその誤りを受け継ぐことになる。

ついでに日本と関係あるアマリリスを書いてみると、この属すなわち Hippeastrum のものが三種、とく昔徳川時代に渡ってきている。すなわちそれはジャガタラズイセンとキンサンジコとベニスジサンジコ（牧野命名）の三種である。ジャガタラズイセンは九州を主として東では豆州、房州辺でも今見られるが、キンサンジコは既に絶滅したのかどうもそれが見つからない。ベニスジサンジコは昔アロエと誤称せられていたこともあった品だが、今日絶えてなくしてわずかにあるくらいのものである。明治の代になって雑種のアマリリスが渡来し、今世間に多く見かけるすなわち園芸家がふつうにアマリリスといっているものである。

旧渡の品に今一種あるように思うが、これは後日の検討を期しているものである。

〔補〕上に書いたジャガタラズイセンは爪哇水仙の意を表わしたものなれど、これは決してジャワのジャカトラの産ではなく、それはメキシコの原産植物であってわが邦へは嘉永年間に船載せられたものである、花は濃赤色で二つ並びて花茎端に付いているので、薩州辺では俗にメトバナと称する。すなわちメオトバナ（夫婦花）の意である。

キンサンジコは金山慈姑の意である。天保年間に渡来したもので、メキシコ、ジャマイカ、ギアナ、ブラジル、ならびにチリの原産である。前に記したように今日では日本に絶えたらしい。

# 崑崙草と崑崙花

ジュウジバナ科（十字科）植物の中にコンロンソウ（Dentaria macrophylla *Bunge* var. dasyloba *Makino*）という宿根草がある。このコンロンソウは崑崙草であるが、なにゆえにこれをそう名づけたのか今日までいっこうに私には解らなかった。さきごろ伊藤伊兵衛の『地錦抄附録』をひもといてゆくうちに崑崙草があって、そこに「葩四枚づゝ一所にあつまり咲色雪のごとく白し三月咲」と書いてあった。私はこの「雪のごとく白し」の文句に眼が止まった。ハハアこれは雪のように白い花色を崑崙山上の皚々《がいがい》たる白雪に擬してそれでこれを崑崙草と名づけたな、と勘づいた。つまり「峰の雪」と形容したと同じ意味である。

またアカネ科のコンロンカ（Mussaenda parviflora *Miq.*）も崑崙花で、これもまたその花叢上に駢出している白色の大形萼片を同じく崑崙山の白雪に見立てて、古人がそう命名したものであろう。

右のように古人の命名仕方には、じつに今人のおよばない技巧があるには感心だ。ひっきょうそれは多少でも風雅の心得があったからでもあろう。ゆえにその負わされた和名にはまことに趣味のしんしんたるものがあって決して不細工な感じを覚えない。これは今日の命名者の学ぶべき美点であるといってもよろしかろう。想うに、古人だったらハラタケとは呼ばずにノハラタケといったのであろう。シュタケとは称えずにシュイロタケと名づけたのであろう。またノウタケとはせずにノウミソタケと感じよく、かつだれにも分かりやすいように取り扱ったのであろう。かのカサノリなどはまことに雅馴ならぬ拙劣な名で、私はあの可愛らしい色と姿とを珍重して、かつてこれをオトヒメカラカサと名づけたことがあった。なにも自慢をするじゃあないが、だれが聞いてもカサノリよりはずっと好い名であろう。

かのゴマノハグサ科の塩竈菊の名はなかなか巧みに名づけたものだ。今の人にはちょっとまねができない。そしてこの意味はこの草の花ももちろん佳いのだが、しかし葉までも佳いということである。それは塩浜で景色を添えて眺望の佳いものは、煙の上がる塩竈であるから、そこで花も佳いが葉ま(浜)でも佳いというので塩竈菊と名づけたもんだ。菊はその葉縁の欠裂した状を菊の葉になぞらえたものである。

# イチビの正しい漢名と、誤った名のボウマ

ここにイチビというのは、アオイ科の Abutilon Avicennae *Gaertn.* を指したもので、シナノキ科の Corchorus capsularis *L.* である黄麻すなわちツナソのイチビではない。

このアオイ科のイチビの漢名は、和漢を通じてふつう一般の書物には莔麻と書いてある。しかしこの莔の字は習慣どおりではその字体で通ってはいれど、じつをいうとそれは誤りで、これは正しくは苘麻と書かねばならぬものである。さればこそ『紹興校定経史証類備急本草』ならびに『経史証類本草』では、それに正しく苘の字が用いられている。

この苘の字音はケイ（口穎切）である。そして『玉篇』には「苘、草名、亦作䔛」とあり、『正字通』には「苘同䔛、本草綱目作莔、俗作檾」とある。

䔛も字音はケイで『玉篇』にあるように苘と同じである。また檾も字音ケイで、これも『正字通』にあるように䔛（すなわち苘）と同じである。つまり苘＝莔＝䔛＝檾＝イチビである。

元来まさに苘であるべき字を偶然に莔と書いたのは、唐の時代にできた蘇恭の『唐本草』がもとであるといわれる。そしてそれからのち歴代の本草書がそれにならって莔と書きならわし、す

なわち本当は苘麻でなければならないものが莔麻と書かれ、それがその後常識的になってだれも疑いをその間にはさまなくなった。しかるに支那の辞書字典にはちゃんと明らかに苘と出ていて莔の字はいっこうに見当たらないにもかかわらず、まだこれを復元訂正し、その正字を使っている世間の学者をあまり見たことがないのはじつに不思議千万であるが、ひっきょうは苘の本字の問題などには気がつかず、書きなれた莔の字を用いているにすぎないのであろう。

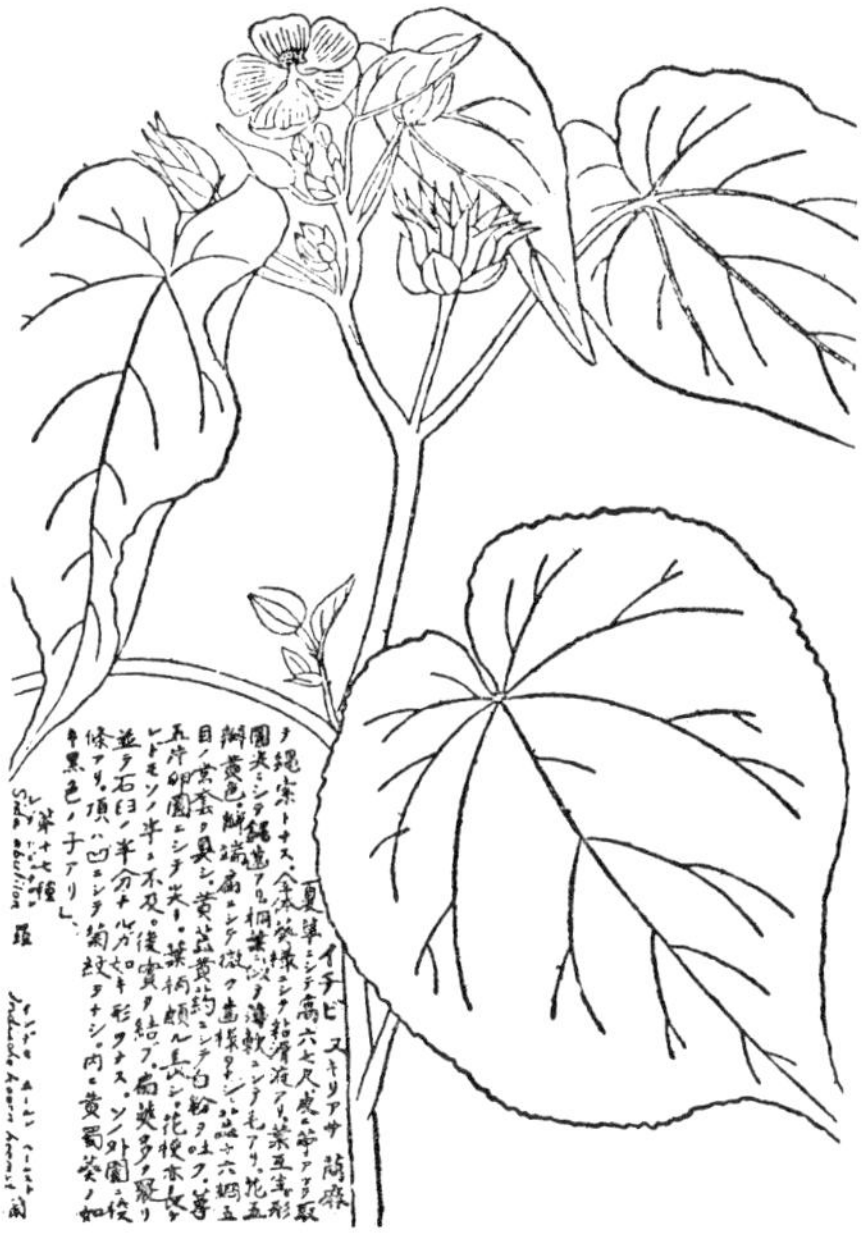

イチビ＝ケイマ
（飯沼慾斎の『草木図説』）

さて莔の字はその本字の苘に通用させたものであるから、莔麻はすなわち苘麻であり、そしてこれを字音で呼ぶときはまさにケイマといわねばならないことは分かりきった事実である。しかるにここにすこぶる滑稽なのは、大正八年（1919）に出版になった農学博士吉川祐輝氏の

『工芸作物各論』第一巻に堂々と莔麻を「バウマ」と書いていることである。これは疑いもなく前代未聞の振り仮名であって、莔麻は決して「ボウマ」ではないことは下文に詳説するとおりである。人によってはこの吉川博士の書物を読んで、そのヘマな名をほんとうの名と信じてうけ入れたものもあったであろうことは想像にかたくはない。果たせるかな！ 農学博士田中長三郎氏の『南方殖産資源論』にもイチビの莔麻が「バウマ」となっており、また原静氏の『麻類栽培精義』にも莔麻すなわちケイマたるべきものへ、これもまた「ばうま」と仮名が振ってある。

これによってこれをみると、これらの著者たちはイチビの莔麻をボウマというと信じていることがうかがわれるが、これらはけだしみな吉川博士の謬見に引きずられたものであろう。しかしイチビの莔麻は決してボウマとはいわなく、これは既に前に述べたように、まさにケイマであらねばならないことは昔から通り来たった既定の読み方である。

元来ボウと発音すべきその字は莔であって莔でないことは、字典を閲してみればすぐに分かる。この莔の字はちょっと見たところ莔の字によく似てはいるが、もとよりその字体が違っていて、これを注意して見ればその両字の区別は容易に看取することができる。そしてこの莔はいわゆる貝母（すなわちユリ科のバイモ）のことで、イチビの莔とはなんらの関係もないことはこれまた字典の明示しているところである。しかし不幸にして莔の字、莔の字のいきさつを知らない人には致し方もないのではあるが、イチビの莔麻（ケイマ）をおくめんもなくボウマとよませて誤謬を拡め、世人をあざむき自家の無識を露わすのはあまり御本人たちの名誉にもなるまいし、また日本の学術のためにも右ご著書再版の節にはぜひとも訂正しおかれんことを望む次第だ。

# 菅の字

支那に菅という宿根性の禾本植物がある。わが日本の学者は昔からこの菅をスゲ（カヤツリグサ科のCarex属）だと思っていた。貝原益軒の『大和本草』に

本邦昔ヨリ菅ノ字ヲスゲトヨメリ

と記してある。すなわちこのスゲはカサスゲ一名ミノスゲ、すなわち *Carex dispalata Boott.* を指したもので、同書にはさらに

スゲハ水草葉ニカドアリテ香附子ノ葉ノ如ニシテ長シ笠ニヌフ近江伊勢多ク水田ニウヘテ利トス他州ニモ多クウフ

と述べてある。そして古くこのスゲは、源順の『倭名類聚鈔』に菅は和名 須計（スゲ）と出で、その後の書物、すなわち『下学集』、『色葉字類抄』、易林本『節用集』、林逸『節用集』、『雑字類編』、『雅俗幼学新書』、『和漢合類大節用集』など共に同じく菅をスゲとしている。その他辞書類では『大広益会玉篇』の和刻本、『和字彙』、『四声玉篇和訓大成』、『増続大広益会玉篇大全』などみな同じく菅をスゲとよませてある。また曽槃の『国史草木昆虫攷』にも菅をスゲだとしてい

る。このように昔はみな菅をスゲだと信じきっていた。ゆえにスゲガサを菅笠と書き、かの菅原道真のスガワラのスガもじついうと間違った漢字を使ったものだ。菅をスゲまたはスガとよますのはたとえそれがいずれの場合にあっても、みな誤りであると断言しても決して差支えはない。

右に述べたように前には久しく菅がスゲで通っていたが、その後にいたって小野蘭山は菅はカヤであってスゲではないという説を立て、すなわち彼の『本草綱目啓蒙』で

〔釈名〕秋花者為レ菅カヤナリ

と書き、また

時珍ノ曰フ菅茅ハカヤナリ山中ニ生ズススキニ似テ大ナリ菅ノ字ヲスゲト訓ズルハ非ナリ

と書いてスゲ説に反対した。また彼の『大和本草批正』にも「菅ハカヤナリ」とある。そしてこの大学者がそういうもんだから他の学者連もこれに雷同して、水谷豊文（『物品識名』）、丹波頼理（『本草薬名備考和訓鈔』）、阿部櫟斎（『聯珠詩格名物図考』）などみないずれも菅をカヤとしている。

しかし菅は断じてスゲでもなければまたカヤでもない。そして菅の本ものにつき参考のため二、三の漢籍を渉猟し、次にこれを抄出してみよう。今解りやすいために原漢文をみな仮名まじり文にした。

『爾雅』に

白華ハ野菅ナリ

とある。

『爾雅註疏』に

舎人云ウ、白華ハ一名野菅ト、陸璣云、菅ハ茅ニ似テ滑沢ニシテ毛ナシ、根下五寸、中ニ白粉アル者アリ、柔靭ニシテ索ニ為《ツク》ルニ宜シ、漚《ヒタ》セバ〔牧野いう、久しく水に漬けること〕乃チ尤モ善シ、郭ガ云ウ、菅ハ茅ノ属ニシテ此ニ白華モ亦是レ茅ノ類ナリ、之ヲ漚セバ柔靭ニシテ其名ヲ異ニシ之ヲ謂イテ菅ト為ス、因テ謂イテ野ニ在リテ未ダ漚サザル者ヲ野菅ト為スノミ、詩ノ小雅ニ云ウ、白華ハ菅ナリト、是レナリ

とある。

『通雅』に

菅ハ芒ナリ、説文ニ菅ハ茅ナリト謂ウハ非ナリ、……菅ハ茅ヨリ大ニシテ葉ハ茭艸ニ似タリ、花ハ白ク穂ハ旆然トシテ茎ハ円直、帚ト為スニ宜シク、其蒻ハ柔忍ニシテ屨ト為スニ宜シ、……茅ハ但ニ屋ヲ覆ウベク、菅ハ牛ニ食ワスニ宜シク、茅ハ牛ニ食ワシムベカラズ、菅根ハ赤ク茅根ハ白シ

とある。

『本草綱目』白茅集解の条下に

蘇頌ガ曰ク、又菅アリ亦茅ノ類ナリ、陸璣ガ草木疏ニ云ウ、菅ハ茅ニ似テ滑ニシテ毛ナシ、

根下五寸ノ中ニ白粉アル者ナリ、柔靫ニシテ索ト為スニ宜シ、之ヲ漚シテ尤モ善シ、其未ダ漚サザル者ヲ野菅ト名ヅク、薬ニ入ルルニ茅ト功等シ、時珍ガ曰ク。茅ニ白茅、菅茅、黄茅、香茅、芭茅ノ数種アリ……菅茅ハ只山上ニ生ジ白茅ニ似テ長シ（牧野いう、蘭山の文これに胚胎していることが見られる、それは調子を合わすために）、秋ニ入リテ茎ヲ抽キ花ヲ開キ穂ヲ成スコト荻花ノ如シ、実ヲ結ブ尖黒ニシテ長サ分許リ、衣ニ粘シテ人ヲ刺ス、其根短硬、細竹根ノ如クニシテ節ナシ、微甘ニシテ亦薬ニ入ルベク功ハ白茅ニ及バズ、爾雅ニ所謂白華ハ野菅ナリトイウ是レナリ

と出ている。

『植物名実図考』には菅の図を伴うて

菅ハ、爾雅ニ白華ハ野菅トアリ、茎葉ハ茅ノ如ク、茎ハ長クシテ細蘆ニ似タリ、秋ニ青白花ヲ開キ荻ノ如クニシテ硬シ、実ヲ結ビ尖黒ニシテ長サ分許リ、人衣ニ粘ス、河南ニテ通ジ呼ンデ苓草ト為ス、本草綱目ニ根ハ薬ニ入ルベケレドモ白茅ニ及バズトアリ

と叙してある。

松村任三博士は『帝国大学理科大学植物標品目録』で菅をわがメガルカヤにあてているが、それは遠からずといえどもじつは当たらずであった。

この菅の学名は Themeda gigantea *Hack.* var. caudata *Makino*, nov. comb.（= *Anthistiria caudata*

Nees; *Themeda caudata* Honda; *Anhistiria ciliata* Henry）であって本種はメガルカヤと同属に属する。そしてその分布は広く、支那、インド、マライにわたり、また台湾にも産することが知られているが、しかしわが内地では絶えてこれを見ることがない。

この菅の和名をタイワンメガルカヤと称するが、私はこれをシナカルカヤとも呼んでいる。

今日わが邦において漢和辞書を編纂するどんな学者でも、この菅の正体はいっこうに知らずにいるであろうが、菅とは上に述べたThemeda、すなわちメガルカヤ属の禾本植物であることをよく認識し、旧態依然たるスゲ、カヤの誤認から脱皮しなければならない。そしてその菅の実物をかく明確に発表したのは、エヘン、この一文が日本では始めてであろう。

# 篳篥の舌を作る鵜殿ノヨシ

小野蘭山の『本草綱目啓蒙』巻の十一、蘆（アシ、ヨシ）の条下に鵜殿ノヨシについて

一種茎幹至テ粗大ナル者ヲ鵜殿ノヨシト云摂州島上郡鵜殿邑ノ名産ナリ茎ヲ用テ篳篥《ヒチリキ》ノ義《シ》嘴《タ》ニ作ルコノヨシハ証類本草蘇頌ノ説ニ深碧色者謂二之碧蘆一ト云者ナリ

と書いてある。

私はこの鵜殿ノヨシの正体を突きとめるべく、かつその生じている実況を知らんがために、去る昭和十二年八月十五日にその生育地なる大阪府摂津三島郡五領村鵜殿にいたり、村長森本正太郎氏のねんごろな案内にてよくこれを視察してきたが、その生じている所は淀川の河床内で、その土堤下から河床にかけ一望の広い間にそれがあい群がりて密に繁茂している。続いてその年の十月十九日に再び同所にいたって再度これを審査してきた。そして二度ともそこで充分な材料を採集して帰った。

その結果鵜殿ノヨシはなんらふつうのヨシ、すなわちアシ（このアシが本名で、ヨシはアシ〔悪し〕を避けた縁起名）、すなわち Phragmites communis *Trin.* と違ったものでないことが判明した。た

だその生じている河床の泥土がすこぶる肥えているので、したがってそのアシの成長がよそよりはすこぶる良好で、ためにその稈はあたかも竹のように太くなっているのである。蘭山は前に書いたようにこれを『証類本草』の碧蘆だとしているが、しかしそれは単なる想像であって、その碧蘆が果して鵜殿ノヨシであるかどうか、まず首を傾けざるを得ないことはその碧蘆なるものの詳状がよく明らかでないことである。すなわちこれは『証類本草』蘆根の条下に

人家池圃ニ植ウル所ノ者ヲ蘆ト為ス、其幹差ヤ大ニシテ深碧色ナル者之ヲ碧蘆ト謂ウ亦得難シ

と書いてあるものである。それは蘆の大形に成長し、かつその稈深緑な色を呈し珍しくて得がたいものであると取れるから、これを鵜殿ノヨシにあててもそう無理はないようだけれど、なにぶんにも支那における実況が分からんからその辺あえて断言はできんが、しかしわが鵜殿ノヨシは形は多く肥大（中にはむろん瘠小なものもたくさんにまじっている）ではあれど、その稈色はなにもふつうのヨシと違いはなく、特に深碧色と謳われるようなものではない。要するに鵜殿ノヨシはふつうのヨシとなんら変わった形態もまた色彩もないから、ことさらに求めてこの碧蘆なる名称をそれに用いる必要はないと感ずるが、しかしその碧蘆はけだしあるいは西湖《セイコ》ノヨシか。

昭和十二年三月十七日発行の『大阪朝日新聞』一九八九九号に

「誉れの歴史二百年、鵜殿の葦を献納、折紙つき雅楽器の歌口に、大淀の河畔五領村から」

と題して左の記事が載っていた。

大淀の漫々たる流に沿ふて叢生する三島郡の水郷五領村鵜殿の葦が日本の古典楽器である笙、篳篥にとって極めて大切な歌口（簧笛《したぶえ》）に使用され、伝統の歴史を誇って連綿二百年間宮内省楽部に納入されてゐる鵜殿の葦は日本一の折紙つきのもので、村では毎年三、四月旧根から新芽萌ゆる葦の良質のものを村長以下係官が丹念に手入し、寒中に刈取って乾燥のうへ陽春のころ宮内省へ上納される、十六日先祖代々その納入者としての栄誉を担ふ同村梶村杢造翁（八十二年）を訪れ上納葦の由来を聴く。

翁は町村制実施以来三十二年間村長をつとめた名望家で、今から二百年前享保元年十一月すでにこの鵜殿の葦は同家三代目梶村定政氏によって御所の雅楽器笙、篳篥の歌口として献上したものだ、それ以来この鵜殿の葦原は免租の恩典に浴し特別の保護をうけて来た、現在のやうに村当局として宮内省に納入するやうになったのは大正六年の淀川洪水が契機である。

この洪水後の河川改修にあたり宮内省ではこの葦の島を買収、同時に宮内省からは別個の立場で「日本の古典楽器保存の主旨から葦の刈取りだけは遠慮してくれ……」とのお達しがあったといふ、かくて川風にそよぐ僻村の葦にも日本精神宣揚の波に乗る時代が来たわけである。

宮内省からは去る十二日楽部長坊城伯爵が下阪、森本村長の案内で鵜殿へ実地視察をし、村長以下係員は永劫に保存することを誓ったが本年度の五百本は十六日午後吏員総出で立派な箱に納め即日宮内省へ向け発送、めでたく今年の行事を終へた。

右の記事によって同所鵜殿ノヨシの現時の保護事情が分かったが、なお聞くところによれば、十二月に葦を刈り取り同村藁葺農家の屋根下にて三年ばかりそのままにして自然に乾かしたものを賞用し、東京などの家の中で干したものはどうもぐあいが悪いとのことであった。

私は久しい以前からこの鵜殿ノヨシをもっていわゆる西湖《セイコ》ノヨシ（Phragmites Karka *Trin.*）だと信じていた。それは岩崎灌園の『本草図譜』巻の十六に出ている図説に誤られたもので、この『図譜』では明らかに西湖ノヨシを鵜殿ノヨシと同物にしているが、これはもとより灌園の思い違いであったのである。鵜殿ノヨシの産地の土堤には同じく西湖ノヨシも生えているから、当時だれかがそれを鵜殿ノヨシと間違えて遠くその苗を江戸の灌園に送致し、そこで灌園が『図譜』へこれを鵜殿ノヨシとなして書いたものではありはしなかったかと想像する。『図譜』にはそれを一にダンチクというのだと書いていれど、ダンチクは一にヨシタケと称しまったく別種で、Arundo Donax *L.* var. benghalensis *Makino*（= *Aira benghalensis* Gmel. = *Arundo benghalensis* Willd.）の学名を有するものである。

私は右のように初め鵜殿ノヨシを西湖ノヨシと同物だと誤解していたので、明治二十九年八月二十五日発行の『日本園芸会雑誌』第七十五号において、この植物につき当時初めて検定したその学名 Phragmites Karka *Trin.* を発表しておいたのであった。そして久しい間私は右のように信じきっていたが、上に記したように私は昭和十二年八月十五日に数輩の友人といっしょに鵜殿におもむき実地にこれを親睹実検して、ここに初めていわゆる鵜殿ノヨシの正体を知り得たのである。知ってみると、なんだふつうのヨシすなわちアシ（Phragmites Communis *Trin.*）（日本の学者によってはは日本のアシは欧洲などのアシとは違うといって別の学名を用いていれど、私はそれに賛意を表しない。あるいは地方的には多少違っていてもそれはもとより同種である。）ではないか。たちまち徳川時代からの学者の迷夢がここに破れ、その実物が正確に認められたのは痛快なことでないでもない。そしてその実物は昔から依然として淀の川風にそよいでいる本来のヨシ、すなわちアシであったのにかかわらず、つまりは長い間学者がノロマであったのだ。そしてわれもまたその仲間のひとりであったのだ。

# 稀有珍奇なる二種の蘭科植物

ここにわが邦において稀有かつ珍奇なる蘭科植物が二つある。この二つの蘭は予の知るところでは吾人の手に一つの標品もこれなく、また明治維新以後その実物を親しく見たものもないくらいである。ただ吾人の知るところでは明治維新前において写生された図があるのと、その二種のうちの一方の品種が欧洲の植物学者により記述されたことがあるとの事がらである。

さてその品は何であるかというと、一つはむかごさいしんである。それはなぜにこのごとき名があるかというと、その地下には塊茎をなしてあたかもやまいもや、ながいもや、つくねいも等にできるがごとき零余子《むかご》のような形をしているのと、その葉があたかも細辛のごとき様子をしているのでこのような名ができたのである。葉は花と時を異にして出で、卵状円形で基部は心臓形をなしている。葉色は緑でその葉脈は末広く分れていわゆる掌状脈をなしている。葉の幅も長さもたいてい一様にておよそ一寸二、三分より一寸五分くらいもある。下に葉柄があって、地下の部には塊状をなせる茎がある。すなわち前述の零余子のごとき形をなしていると言うたものである。葉は高さが一寸余より三寸余もある。茎の頂末に一つずつありて点頭し、側方もしくは下へ曲がっている。花体の長さがおよそ七、八分もありて濁りたる紅紫色を呈し、花蓋は狭長で末が漸次に鋭尖となり、平開せずしてつぼんでいる。内部の脾弁は幅が花蓋片よりやや広くかつ少しく短く、色白くして紅色の細点がある。その子房はもとより下位をなしておって小形である。その子房の下に短き小梗があって茎に連なるのであるが、その連なるところに一つの小さき苞がある。茎は直立して痩せ二、三片の鞘をそなえ帯紫色である。この蘭は、東京の続きなる染井などにも昔はあったと見えて、予の知れる図にはその地名が記入してある。またかの有名なる『草木図説』の著者なる飯沼慾斎翁の写生せる図があるところで推してみれば、同翁の住んでおられた美濃の国辺にもあるであろうと想われるのである。

この蘭はまたジャバ島にも産し学名を Pogonia punctata. *Blume.* といいたるものであるが、予はさきにこれを Nervilia punctata. *Makino* と改め『植物学雑誌』第十六巻第百九十九ページにて公にしたのである。この種は平地の林もしくは森の林の中などに生えるものならんと思う。決して深山や、または日に照りつけらるる露地などにはこれを見ぬであろう。

さてまたいま一つ珍しき蘭は、その名をほていらんと呼び学名を Calypso bulbosa Reichb. *Fil.* var. japonica *Makino* と呼び、一名を Calypso japonica *Maxim.* と称える。

この蘭は明治維新になる少し前に須川長之助（露国の植物学者マキシモウィッチ氏に雇われて日本の植物を採集せし人にて陸中の百姓である）という人が駿州の富士山、相州の箱根山ならびに陸中の南部地方で採集したことがあって、その標品は一個も日本へは残らずにことごとく露国の首都セントペートルスブルグの博物館へ送り、同館に保存してあるのである。ただ吾人は三枚の図ばかり日本にあることを知っている。この図は一つは旧富山藩でできたもの、一つは飯沼慾斎翁の画きたるもの、また一つは東京巣鴨の花戸内山で画きたるものにて、この内山でできたる画には秩父産としてあるより見れば、この蘭がまた武州の秩父に産することも推知さるるのである。

この蘭の形状は一株に一つの花と一つの葉が出る。根茎は地中に小塊をなしており、葉は楕円形で葉柄があり、葉縁は皺をなしている。裏面は紫色を呈し表面は緑色である。長さおよそ一寸ないし一寸五、六分、幅およそ五分ないし一寸ばかりもある。花茎は直立して葉より高く抽き長さおよそ三寸ばかりに出入りし、淡紅色で二片ばかりの長き鞘を有しこれを包んでいる。上に狭長なる一つの苞があってその上が花となっている。花は茎頂にただ一つありてわりあいに大きく、みな側に向こうて開いている。子房の下は小梗となりおり、花蓋は五片ありて上方を指し、かつ前方に向かい狭長にして末尖り、淡紅色を呈してすこぶる美麗である。牌弁は大形にして下に垂れ、花のわりあいにははなはだ大にして上方を指せる花蓋と相ともに花形をしてははなはだ畸形ならしめている。その形は長き卵形をなし、前面よりいちじるしく陥凹して嚢の形となり、もって膨張し、地は白くして斑あり、下部は下に延出して末端短く両岐し黄色を呈する。前面口縁には広闊なる白色の円形片ありて、その基部黄色を呈し褐色の点あり、かつ毛を生じている。蕋柱は花蓋片などより短しといえども大形にして拡張せられ、前面凹にして卵円形を呈し、色は淡紅にてあたかも花弁の状を呈している。花期はたぶん七月頃であろうと思われる。

その産する場所は深山の森林中だと思う。林中に谿などがあるところの辺など採集者は最も注意すべきところである。

アジアならびに北アメリカの北部にわたって、この蘭とほとんど同種の蘭がある。これを Calypso bulbosa *Reichb. Fil.* と称する。通常 Calypso borealis *R. Br.* の名で通っている。前述のほていらんはこの一変種に属するので、ただ各部がその原種に比ぶれば大なるの違いがあるばかりである。マキシモウィッチ氏はこれを別種として Calypso japonica *Maxim.* と命名し、その記載に球状の茎が地中にないと記してあるけれども、これは事実に違っておって、日本の産もまたやはりその原種と同じく地下に塊状の地下茎が存在している。

前述のごとくこの二つの蘭は、このごとく珍奇非凡なるものなるにかかわらず、四十余年いまだだれもこれを採集せしもののなきは、まことに斯学界の恨事といわねばならぬ。

# 蘭科植物の一稀品ひめとけらん

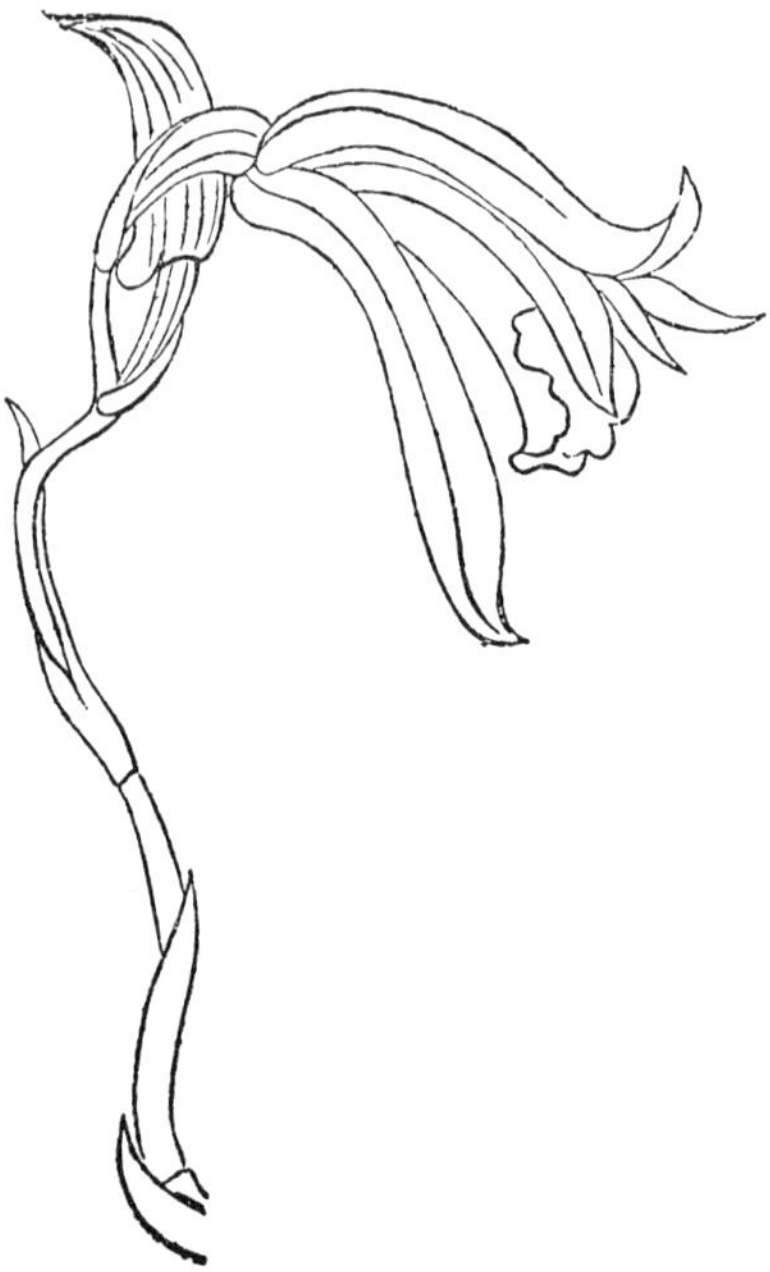

この蘭はまだその実物が吾人の手にないので、その花部の詳細なることが一切分からぬゆえに、その種名は勿論その属名すら判然せぬのである。

これは伊豆七島中の一なる八丈島の産であるとのことであるが、その他の島にて産せぬとも限らぬ。たぶん常緑の蘭であろうと思う。下に球状をなせる球状茎ありて緑色を呈している。この球状茎の上端には一片の葉と一片の褐色の鞘がある。この鞘は膜質であって葉柄より多少長い。葉は長楕円形で鋭尖頭を有し、下は狭窄して短き葉柄となっている。

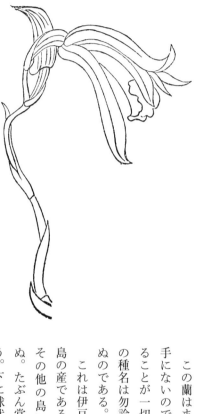

葉脈が縦に通って、葉面がこれがために褶襞をなしている。緑色であって多数の淡緑色の斑点すなわち星がある。葉の長さはおよそ一寸五分余もある。

花茎すなわちいわゆる葶は球状茎の下より出でて直立し、およそ一寸五分内外の高さに達する。紅紫色を帯びて三片ばかりの膜質の鞘がまばらに付いている。

花は四月頃に開き葉梢に通常二個を出し、長さ四、五分もある。横に向こうて開き下に苞がある。苞は鋭尖頭を有しその長さは子房より短い。

花蓋は紅紫色を呈し、半莟状にて正開せず、狭長にして末端は尖っている。牌弁はほとんど花蓋と同長であって黄色を呈し、辺縁皺曲している。子房は花蓋より短く棍棒状をなして、紫紅色を呈する。

今ここにその花を拡大したる図を示そう。これは関根雲停の画きしものであって、原図には色彩が施してある。

# 日本のえびねについて

日本は地温帯に位し植物にははなはだ富めり。しかしてらん科に属するものもまた少なからずといえども、これを熱帯産のらん族諸種に比すればその花の見るべきもの概して多からず。しかれどもまた自ら趣味を含むもののなきに非ざるをもってこれを採りて園芸植物になすも、自ら価値のその間に存すべきものあらん。かんらん属、なごらん、ふうらん、しらん、がんぜきらん、えびね等のごときはすでに園芸植物として世人の栽植するところなり。しかるに世人がらん類諸花の上に起こるべき昆虫との関係ならびにこれによりて起こりたる花形の奇態等の事実を知悉するにいたれば、わが邦所産のらん類別に奇品珍種はなしといえども今よりは一層の愛顧を受くべし。しかれども学問の進度いまだ幼稚なるをもって、らん類を栽植する人もいまだ必ずしもこの理を知るにいたらず、ゆえに自然これを愛するの情に薄し。かんらん、ふうらん等を除くのほかはただ洋人らん類を好むの状あるを見聞し、いたずらにこれに付加してしいて愛蘭説を唱うるにすぎず。もしも世人が前述のごとくらん花類と昆虫との関係を知るにいたれば、この奇状あるがために今よりいっそうこれを愛するの熱情を発起するにいたるべし。その時こそ日本のらん類も奇花異品は別になくともはじめてあまねく世人の愛顧を受くべき時のいたれるなりというべきなり。えびね属（Calanthe）は主としてアジア熱帯地の産にして種数およそ四十に下らず、日本に産するものまた数種ありて所々に自生するを見る。共にその培養は困難のものにあらずと信ず。しかしてその花態これを日本産の他のらん類に比すればむしろ美なりといわざるべからず。ことにりゅうきゅうえびねのごとき、又きえびねのごときはわが邦のえびね類中にありては他の諸品に優れり。今左にその諸種を略述せん。

**りゅうきゅうえびね**（Calanthe Japonica.）またくわらんという暖地の産なり。九州あるいはこれを産するあるか。花色に紅と白と紫との三品あり。北地にありては冬月これを温室に入れて擁護すべしといえり。

**えびね**（Calanthe discolor.）これ最もふつうのものにして諸所に自生す。東京近郊またこれが自生を見る。花色種々なれども花弁の色濁紫にして脾弁の色淡紅紫のものを最もふつうのものとす。この変種にきんせいらん（C. discolor. var. viridialba.）あり、花色黄緑色なり。

**きえびね**（Calanthe striata var. Sieboldi.）花色純黄にしてすこぶる美なり。尋常のえびねと区別すべきの点はじつに僅微なれども、花はこれに比すれば豊富にしてかつ大なり。培品としては最も価値あり。またこれと同種にして花は黄質なれども花弁の外面茶褐色を帯びたるものあり。西南地方に見ること常なり。これをCalanthe striata var. bicolor. という。

きそえびね（Calanthe Textori ?）花は白質にして淡紫を帯ぶ。西南暖地にこれを見る。

さるめんえびね（Calanthe tricarinata.）花状の奇なるは他に秀ず。これその脾弁広くして懸け垂れ褐紫色にしてかつ褶襞あればなり。花弁の色は黄緑色なり。この種は日本を通じてこれあり。北海道のものは脾弁大ならず。

なつえびね（Calanthe reflexa.）六月頃開花す。花は紫色にして淡白愛すべし。花弁背向するによりて花形ここに奇状を呈す。葉は他種より皺多くかつ緑色少しく白けおれり。この種は他に比して培養やや困難なり。

以上はわが邦所産のえびね属なれども、西南琉球地方を捜索せばまた他の品種を得ること必ずこれあらん。園芸熱心家は新園芸植物採集として、ちとこれらの地に赴きてはいかが。

およそ植物は自生のままに花の美かつ大なるものはむしろ少なし。これを栽培してここにはじめて大なる花を得べきなれ、美なる花も得べきなれ。今このえびねもよくこれを培養せば今よりいっそう価値ある花を出さんこと必せり。ただ自生のままを瞥見して直ちにその花の価値を判断し去り、これを培養すれば美花となるべき草木も棄ててこれを顧みざるは真の園芸家というべからず。わが邦は植物には富めり。学識ある園芸家ありて各所にこれを捜索し、これを培養して新園芸植物を作らばその利益尠少にあらざるべし。

# マクワウリの記

マクワウリは真桑瓜と書く。この真桑瓜は美濃本巣郡真桑村の名産で、昔からその名が高く、それでこの瓜をマクワウリと呼ぶようになって今日におよんでいる。またこの瓜は無論諸国につくられるので多少品変りのものもできて、中に谷川ウリ、ボンデンウリ（タマゴウリ）、田村ウリ、ヒメウリ、ネズミウリ、アミメマクワ（新称、瓜長楕円形緑色の皮に密に網目がある）などがある。またギンマクワウリすなわちギンマクワというものもあれば、またキンマクワウリと呼ぶものもある。

この時分、すなわち徳川時代から明治初年へかけた頃における普通常品のマクワウリは、枕形をした楕円形のもので、長さ四寸ないし六、七寸内外、径三寸ばかりもあり、始めは緑色であるが熟すると黄色を帯び皮は厚かった。昔は単にウリと称えまたホソチともいった。またアマウリともアジウリとも呼んだ。また土在ではマウリといっていたが、それはマクワウリの略せられたものである。そしてマクワウリの学名は Cucumis Melo *L.* var. Makuwa *Makino* である。

前に書いた古名のホソチは蔕落《ホソオチ》の意で、このマクワウリは満熟すると蔕を離れ自然に落ちるからいうとのことである。マクワウリ、アマウリ、アジウリなどは無論右ホソチの古名よりは後の名称である。

マクワウリの漢名は甜瓜である。すなわちこれはその味が特に他の瓜より甘いからである。甜は甘いことである。ゆえにまた甘瓜の一名がある。『本草綱目』に

瓜ノ類同ジカラズ、其ノ用ニ二アリ、果ニ供スル者ヲ果瓜ト為ス、甜瓜、西瓜是レナリ、菜ニ供スル者ヲ菜瓜ト為ス、胡瓜、越瓜是レナリ

と書いてある。瓜は植物学上果実の分類では漿果（Berry）であるが、しかしそれは下位子房からなった漿果で、その中身はもちろん子房からのものであるが、そのまわりの肉は主として花托からのものである。そしてスイカ、マクワウリは子房からの中身を食し、ボウブラ、カボチャ、シロウリ、ツケウリはおもに花托からなった部分を食し、キュウリは通常その両部分を食している。シロウリ（越瓜）、ツケウリはみなマクワウリの変種である。これらは親に似ず甘くないから、菜瓜の方へ回されている。ここに面白いことは、このシロウリの学名を初め Cucumis Conomon *Thunb.* といった。この種名の Conomon すなわちコノモンは香ノ物であるが、これは命名者ツンベルグが奈良漬を香ノ物と思ってそう書いたものだ。今この学名は Cucumis Melo *L.* var. Conomon *Makino* と改称せられている。そしてこのシロウリは俗に Oriental Pickling Melon と呼ばれる。

ナシウリ（すなわち梨瓜の意）というものがある。これもマクワウリの変種で Cucumis Melo *L.* var. albidus *Makino* の学名を有する。また市場に出ているいわゆるメロンもまた同じく Cucumis Melo *L.* の変種である。その果皮すなわち膚に網の目のあるものを網メロン、または網ノ目メロン、または肉豆蔲《ニクヅク》メロンと称し、その学名は Cucumis Melo *L.* var. reticulatus *Naud.* で、俗に Netted Melon あるいは Nutmeg Melon と呼ばれる。俗に単にメロンといえば、じつは Cucumis Melo *L.* に属するもろもろの瓜の総称でマクワウリ、シロウリ、ツケウリ、ヒメウリ、タマゴウリ、ナシウリ、キンウリなどみなメロンである。

駒の渡りの瓜作り、瓜を人にとられじと、
守る夜あまたになりぬれば、瓜を枕につい寝たり

という今様歌がある。瓜を枕に野天の瓜畑で寝た風流はまことに羨ましい。

# 新称天蓋瓜

昭和二十一年八月十八日友人石井勇義君来訪、一つの珍瓜を恵まれた。その瓜は円いものを横に半分に切った形で、まことに座りがよく、つまり瓜の先の半分がなく、その底面が広く浅くなってその縁が低く土堤状を呈して高まっており、底の中央に大きな円形の花跗の痕があって浅く擂鉢状をなしている。瓜の形は長さより横幅が広く、底の縁は低い十鈍耳をなしている。瓜の色は鮮かな黄色で大小不ぞろいな緑色の斑点がまだらに敷布せられており、瓜の膚は固くかつきわめて滑沢である。そして瓜の質はかなり実しておって果実は硬く、むしろ粉質ようでその味は甘くなく、種子ははなはだ小形である。

この瓜は俗に Yellow Custard Marrow と呼ぶもので、もとより食用にはならなく、ひっきょうお飾り瓜で見て楽しむものである。そしてこれはたぶん Cucurbita Pepo *L.* 種中の一変種ではないかと思われる。しかしこの最も模範的のものは、冠の縁の分耳がもっと反りくりかえっている。

この瓜の茎は蔓をなさずに叢生している。葉は割合に大形で深く分裂しその色は鮮緑である。

# センジュガンピの語原

ナデシコ科のセンノウ属に深山生宿根草本なるセンジュガンピと呼ぶものがある。草全体が緑色で柔らかく、茎は痩せ長く高さおよそ一尺ないし一尺半ばかりもあって直立し、葉は披針形で対生し、梢にまだらなる聚繖的分枝をなして、欠刻ある五弁の石竹咲白花を着け、花中に十雄蕋と五花柱ある一子房とをそなえている。その学名を *Lychnis stellarioides Maxim.* と称する。その草質がハコベ属すなわち Stellaria に類しているので、それで「ハコベ属ノ植物ノヨウナ」という意味の種名がつけられたのであるが、じつはガンピ属である。

私は鈍臭くてこれまでこれをセンジュガンピというそのセンジュの意味が解せられなかった。ゆえに私の『牧野日本植物図鑑』にも「和名ノせんじゅがんぴハ其意不明ナリ」と書いてある。

昭和二十一年八月十九日に来訪せられた伊藤隼《はやし》君から、いろいろ話の中で右のセンジュガンピの名の由来をきいてたちまちわが蒙の扉がひらきくれ、あたかも珠を沙中に拾ったように喜んだ。同君の語るところによれば、それが今から二百二十五年前の享保十三年（1728）二月出版、鷹橋義武（日光山御幸町の人で治郎左衛門と称する）の『日光山名跡誌』に日光物としての条下に千手雁《せんじゆがん》皮《ぴ》が挙げられており〔この書私も所蔵しているが、私のは明和元年甲申仲秋改版のものである〕、今から百十六年前の天保八年（1837）に出版になった植田孟縉の『日光山志』にも出ているとのことであった。私はこれまでおりにふれてはこの『日光山志』を繙くことがあったのだが、ただひろい読みをするばかりの罰でついにこの草に関する記事を見落としてしまっていた。そこでさっそくに同書を閲覧してみたらその巻之四に

千手原《せんじゆがはら》　是は千手崎《せんじゆがさき》より続き赤沼原《あかぬがはら》〔牧野いう、今はアカヌマガハラというのだが、往時はかくアカヌガハラと呼んでいたのか〕の南西によれり広さ凡一里半余も有ける由茲は往反する処にあらねば知れるものすくなし千手《せんじゆ》がんぴと称する草花の名産を生ず

と出ている。すなわちセンジュガンピの名は日光千手崎に由来していることを偶然に伊藤君のおかげで知ることができたわけで、私はひとえに同君に感謝しているしだいである。しかしこの和名をなんという人が始めてつけたかそれがなお私には不明である。

右の千手崎は延暦三年四月に勝道上人《しょうどうしょうにん》が湖上〔中禅寺湖の〕で金色の千光眼《せんこうがん》の影向を拝したまいしゆえ、ここに千手大士《せんじゆだいし》を創建《そうこん》したまい補陀落山千手院《ふだらくさんせんじゆいん》と名付けたもうたということである。

前述拙著『牧野日本植物図鑑』せんじゅがんぴの文末「せんじゅハ其意不明ナリ」を取り消し、今これを「野州日光山ノ中禅寺湖畔ナル千手崎ニ産スルヨリ云エリ」と訂正する。

# 片葉ノアシ

世に片葉《カタハ》ノ葦《アシ》と呼ばれているアシがあって、この名は昔からなかなか有名なものであり、いろいろの書物にもよく書いてあって、世人はこれを一種特別なアシ（すなわちヨシ）だと思っている。しかしそれは果して特別な一種のアシであろうか。今私はこれを判決してこのいわゆる片葉の葦は別に何ものでもなく、ただふつうのアシそのものであることをここに公言する。そしてそれは単にその葉が一方から吹き来たる風のイタズラで一方を指してるにすぎなく、ひっきょうこの風さえなければ片葉ノ葦はできっこがない。すなわちその葉が風に吹かれるとその風が葉面に当たってその葉を一方に押しやる。そうするとその長い葉鞘がねじれてこの葉がこんな姿勢をとるのである。風が東から来ればその葉は揃って西を指し、風が北から来れば同じくその葉は一様に南を指す。葉鞘がねじれるのですぐには原位に復せずそのままになっている。ゆえにアシのあるところではいつでもどこでもこの片葉のアシが出現してなにも珍しいことはない。単にこれが自然にできるばかりでなく、いつでも人の手によってもそれをこしらえ得るのは易々たることである。

『紀伊国名所図会』二之巻海部郡の部（文化八年発行）に

片葉《かたは》の蘆《あし》　和歌津《わかつ》や村の北の入ぐちにあり是また蘆戸《あしべ》の遺蹟也すべて川辺のあしは流につれて自然と片葉となるものあり又其性を受て芽いづるより片葉蘆と生ずるもあらん此地もいにしへは入江あるひは流水のところにて其性をつたへて今に片葉に生ずるか風土の一奇事と云べしつのくに鵜殿《うどの》のあしと同品なり

と書いてある。そしてその片葉となるのは、一方へ一方へと流れる水の性を受けて生ずるように考え違いをしている。

『摂津名所図会』巻之四には

片葉蘆《かたはのあし》　按ずるに都《すべ》て難波は川々多し淀川其中の首たり其岸に蘆生繁《おいしげり》て両葉《もろは》に出たるも水の流れ早きにより随ふてみな片葉《かたは》の如く昼夜たへず動く終に其性を継て跡より生《おひ》出るもの片葉の蘆多し故に水辺ならざる所にもあり難波《なには》に際《かぎら》ず八幡淀伏見宇治《やはたよどふしみうじ》等にも片葉蘆多し或人《あるひと》云《いはく》　難波は常に西風烈しきにより蘆の葉東へ吹靡きて片葉なる物多しといふは辟案なり

と記してあるが、この辟案〔牧野いう、辟は僻と同義〕だといっている方がかえって辟案で、風のために片葉の蘆ができるというのがかえって正説である。

宝永四年（1707）出版の『伊勢参宮按内記』巻之下には

浜荻《はまをぎ》（三津村の南の江にあり）片葉の芦《あし》の常の芦にはかはりたる芦なり是を浜荻といへり此辺り田にすかれて今はすこしばかりの浜荻田間にのこれり

とある。

宝永六年（1709）発行の貝原益軒の『大和本草』付録巻之一に

伊勢ノ浜荻《ハマヲギ》ハ三津《ミツ》村ノ南ノ後ロニアリ片葉ノ芦《アシ》ニシテ常ノ芦ニカハレリ

と記してある。

『神都名勝誌』巻之五には

浜荻《はまをぎ》　天狗石の南壱町許、道の右にあり。土俗、片葉の芦と云ふ。四方に、石畳を築けり

と記しかつ片葉に描いた浜荻の図が出ている。また同書には

往古は此の辺、三津港よりの入江にて、総べて、芦荻の洲なりきといふ。近世、堤防を設けて、潮水を塞ぎ、数町の田圃を開墾せり。而して、浜荻の芦地を存せむとて、僅に、数坪の所に、蘆荻を植ゑたり

とも述べてあるが、この末句の「植ゑたり」とは穏やかでなく、これはよろしく「残せり」とすべきであろう。

『伊勢参宮名所図会』巻之五には

浜荻《はまをぎ》　三ツ村の左の方に古跡あり里人の云片葉《かたは》にて常にかはりけるを此辺にては浜荻といふとて今は僅ばかり田の中に残れるを云或云是れ大に誤れり此国の人のみ芦《あし》をさして浜荻といへるは古き諺《ことわざ》にて即国の方言なれば伊勢の浜辺に生たる芦は残らず浜荻《はまをぎ》と云べし古跡と云

はあるべからず此歌に明らかなり

筑波集連歌

物の名も所によりてかはりけり　難波の芦はいせのはま荻　救済法師

又按ずるに芦を荻といふ事至て上古にはいづくにもいひし事也此国にかぎらず詩作などには蘆荻《ろてき》とつづけて一物也其余証拠略之

万　葉

神風や伊勢の浜荻折ふせて旅寝やすらん荒き浜辺に　読人不知

と書いてある。

私は先年この三津の地に行って、今そこの名所田間に少しばかり残してあるいわゆる浜荻を親しく見たことがあったが、この地点は石をたたんで平たくし、その周辺およそ一畝歩ばかりの田には浜荻が生活している。ここはこの村の農某の持地であるが、昔からの浜荻のある名所というので持主は特にこの地点へは鍬も入れず稲も作らず、経済的に損をしてまでも遺しているのはまことに殊勝な心がけである。

右地に繁茂しているいわゆる浜荻はなんらふつうのアシすなわちヨシ（Phragmites communis *Trin.* = *Arundo Phragmites* L.）と異なった種類のものではない。その浜荻の生えている場所は今は水田の一部となっているが、昔は無論この辺一帯が広い蘆原《あしはら》であったことは想像に難くない。

浜荻はアシすなわち蘆のふるい別名で、今日ではこの名はすでにすたれて、ただ書物の中に残っているだけとなった。

# 高野の万年草

『紀伊国名所図会』三編巻之六（天保九年〔1838〕発行）高野山の部に

万年草《まんねんさう》　御廟の辺《ほとり》に生ず苔《こけ》の類《たぐひ》にして根蔓をなし長く地上に延《ひ》く所々《ところところ》に茎立て高さ一寸許《ばかり》細葉多く簇生《むらがりしやう》ず採り来り貯へおき年を経といへども一度水に浸せば忽《たちまち》蒼然《さうぜん》として蘇《そ》す此草漢名を千年松といふ物理小識（牧野いう、この小識はショウシと訓む）に見えたり俗に旅行の人の安否を占《うらな》ふに此艸を盌水に投じ葉開けば其人無事也凋《しぼ》めば人亡《な》しといふとぞ又日光山の万年艸は一名万年杉また苔杉などいひ漢名玉柏一名玉遂また千年柏といひて形状《かたち》と異なり混ずべからず

と書いてある。

貝原益軒の『大和本草』巻之九（宝永六年〔1709〕発行）には

万年松　一名ハ玉柏本草苔類及衡嶽志ニノセタリ国俗マンネングサト云鞍馬高野山所々ニアリトリテ後数年カレズ故ニ名ヅク

とある。

小野蘭山の『大和本草批正』（未刊本）には

万年松（玉柏ノ一名ナリ）玉柏ハ日光ノ万年グサ一名ビロウドスギト云石松ノ草立ナリ此ニ説ク形状ハ高野ノ万年グサ物理小識ノ千年松ナリ諸山幽谷ニ生ズ高野ヘ至モノ必ラズ采帰ル山下ニテモ此草ヲウル其状苔ノ如シ高一寸許葉スギゴケノ如シ数年過タルモ水中ニヒタセバ新ナル如シ

と述べてある。

寺島良安の『倭巻三才図会』巻之九十七（正徳五年〔1715〕）には

まんねんぐさ　玉柏　玉遂　千年柏　万年松　俗云年草《クサ》　按ズルニ衡嶽志ニ謂ワユル万年松ノ説亦粗ボ右ト同ジ紀州吉野高野ノ深谷石上多ク之アリ長サ二寸許リ枝無クシテ梢ニ葉アテ松ノ苗ニ似タリ好事《コウズ》ノ者之ヲ採リテ鏡ノ奩《ス》〔牧野いう、奩は字音レン、鏡匣《カガミバコ》である〕ニ蔵メテ云ワク霊草ナリ行人ノ消息《アリサマ》ヲ知ラント欲セバ之ヲ盌水〔牧野いう、盌は字音ワン、鉢、椀、皿である〕ニ投ジテ之ヲトフ葉開ケバ即チ其人存シ凋《シボメ》バ即チ人亡キ也ト此言大ヒニ笑フベシ性水ヲ澆ゲバ能ク活スルコトヲ知ラザレバナリ

と書いてある。

次に享保十九年（1734）刊行の菊岡沾涼の『本朝世事談綺』巻之二には

万年草《まんねんさう》、高野山大師の御廟にあり一とせに一度日あってこれを採と云此枯たる草を水に浮

めて他国の人の安否を見るに存命なるは草、水中に活《いき》て生《おひ》たるがごとし亡したるは枯葉その
まゝ也

とある。

次に小野蘭山の『本草綱目啓蒙』巻之十七（享和三年〔1803〕出版）には、玉柏（マンネングサ、日光ノマンネングサ、マンネンスギ、ビロウドスギ）の条下に

又別ニ一種高野ノマンネングサト呼者アリ苔ノ類ナリ根ハ蔓ニシテ長ク地上ニ延処処ニ茎立テ地衣《ヂゴケ》ノ如キ細葉簇生ス深緑色ナリ採貯ヘ久クシテ乾キタル者水ニ浸セバ便チ緑ニ反リ生ノ如シ是物理小識ノ千年松ナリ

と述べてある。

また『紀伊続風土記』「高野山之部」に万年草が出ていて次のとおり書いてある。

万年草

古老伝に此草は当山の霊草にて人の遼遠に在て厥死活弁じがたきをば此草を水盆に浮るに生者なれば青翠の色を含み若没者なれば萎めるまゝなりとぞ今現に撿するに御廟の辺及三山の際に蔓生す毎年夏中是を摘みて諸州有信の族に施与の料とせり其長四五寸に過ぎず色青苔の如し按ずるに後成恩寺関白兼良公の尺素往来に雑草木を載て石菖蒲、獅子鬚、一夏草、万年草、金徽草、吉祥草といへり爾者此草当山のみ生茂するにもあらず和漢三才図会に本草綱

目云玉柏生石上如松高五六寸紫花人皆置盆中養数年不死呼為千年柏万年松即石松之小者也（中略）五雑組云楚中有万年松長二寸許葉似側柏蔵篋笥中或夾冊子内経歳不枯取置沙土中以水澆之俄頃復活或人云是老苔変成者然苔無茎根衡嶽志所謂万年松之説亦粗与右同紀州高野深谷石上多有之長二寸許無枝而梢有葉似松苗〔牧野いう、この辺『倭漢三才図会』の書抜きだ〕といひ和語本草にも玉柏石松を載たれども其味のみを弁じて貌姿を論せず良安本草綱目の万年松を万年草として当山万年草に霊異あることを草性を知らずといへるは嗚呼の論のみ〔牧野いう、『紀伊風土記』の著者のこの言かえって嗚呼の論のみだ、かつ万年草を霊草というは笑うべきの至りである〕彼万年松は紫花あり此万年草花なし爾者雑組衡嶽志にいふ万年松は別の草ならん尺素往来にいふ万年草は当山の霊草ならん又当山にても当時蔓延滋茂せるは彼万年松の類にて右老伝の霊草は御廟瑞籬の内に希に数茎を得といふ説もあれば尚其由を尋ぬべし

また同書物産の部は小原良直（八三郎）の書いたものだがその中に左の記がある。

千年松　物理小識…高野山にて万年草といふ他州にては玉柏を万年草といふ故に此草を高野の万年草といひて分てり

高野山大師の廟の辺及三山の際に蔓生す乾けるものを水中に投ずれば忽蒼翠に復す故に俗間収め貯へて旅行の安否を占ふ

この高野のマンネンソウは蘚類の一種で *Climacium japonicum* *Lindb.* の学名を有するもので、

国内諸州の深山樹下の地に群生している。そして高いものは三寸ほどもある。

岩崎灌園の『本草図譜』巻之三十五に二つのコウヤノマンネングサの図が出ているが、その上図のものはハゴノコウヤノマンネングサ（一名フジマンネングサ、コウヤノマンネングサモドキ、ホウライソウ）すなわち Climacium ruthenicum *Lindb.*（= *Pleuroziopsis ruthenica* Lindb.）で、その下図のものが本当のコウヤノマンネングサすなわち Climacium japonicum *Lindb.* である。大沼宏平君が同書の学名考定でこのコウヤノマンネングサの図を、ミズスギすなわち Lycopodium cernuum *L.* と鑑定しているのはまさしく誤鑑定で、その図の枝の先端が黄色に彩色してあるのは、これは疑いもなく枝さきが枯れたところを現わしたもので、それは決してその胞子穂ではないのである。

ずっと以前のことであるが、すこぶる頭の働いた人があって、このコウヤノマンネングサを集め、その乾いたものを生きたときのように水で復形させ、これを青緑色の染粉で色を着け、これを一束ねずつ小さい盆栽とし、それをになって諸国を売り歩き大いに金を儲けたことがあった。そのときその行商人の口上はなんといったか今は忘れた。

近代の学者はときとすると、この草をコウヤノマンネンゴケとしてあるが、じつはこれはコウヤノマンネングサが本当である。またコウヤノマンネンソウとしたものもある。

# コンブは昆布ではなく、ワカメこそ昆布だ

日本では支那の昆布の漢名をもととして、今から一千余年も前の昔にはこれをヒロメあるいはエビスメ（深江輔仁の『本草和名』）と呼び、現代ではその昆布を音読してコンブといってそれが通称となっている。そしてこのコンブは海藻 Laminaria 属中の種類を総称していることになっている。じついうとこの支那人の書物に書いてある昆布は決していま日本人が通称しているコンブ（コブとも略称せられる。村田懋麿氏の『鮮満植物字彙』にもこの誤りをあえてしている）そのものでは断じてない。では昆布の本ものはなんだというと、それはじつはワカメ（Undaria pinnatifida *Suring.*）の名である。ゆえに和名のワカメをこの漢名の昆布とすれば正しいこととなる。そしてわが国の学者は東垣の『食物本草』にある裙帯菜をワカメだとし、前の村田氏の『鮮満植物字彙』にもそうしているが、これは間違いでこの裙帯菜は決してワカメそのものではなく、無論なにか別の緑色海藻すなわち緑藻類である。右の東垣の『食物本草』にある裙帯菜の記文は

裙帯菜ハ東海ニ生ズ、形チ帯ノ如シ、長サハ数寸、其色ハ青シ、醤醋ニテ烹調ウ、亦葅ト作スニ堪ユ

である。すなわち長さが数寸あって帯のようで、青色を呈し食えるとのことだからあるいはアオサの一種かも知れない。

いま通称している Laminaria のコンブ（non 昆布）の本当の漢名、すなわち本名は海帯であって、今日支那ではこれを東洋海帯《トンヤンハイタイ》ともまた単に海帯《ハイタイ》とも称えられている。すなわちこの海帯こそわれらが通称しているコンブすなわちコブの正しい漢名である。そして従来日本の学者はこの海帯をアラメ（Eisenia bicyclis *Setchell*）としているのは間違いで、上の村田氏の書にもそれを誤っている。朝鮮ではワカメのことを昆布と書くそうだが、これは正しくて決してその名実を取り違えているのではない。支那の梁の学者陶弘景が昆布についていうには

今惟《タダ》高麗ニ出ヅ、縄ニテ之ヲ把索シ巻麻ノ如ク黄黒色ヲ作ス、柔靱ニシテ食ウベシ

とある。唐の陳蔵器という学者は

昆布ハ南海ニ生ズ、葉ハ手ノ如ク、大キサハ薄キ葦ニ似テ紫赤色ナリ

といっている。東垣の『食物本草』には

人取リテ酢ニテ拌シ之ヲ食イ以テ葅ト作ス

と書いてある。

いま一般にいっているコンブは既に前にも書いたように、昔はこれをヒロメともエビスメとも名づけていた。もし今日誤称せられているコンブの名を一般人が間違いであると気づいて、その

呼び名を改訂し正しきにかえさねばならんという気運が万一にも向かい来たことがあったとすれば、これを右のようにヒロメ（幅広い海藻の意）と呼べば古名復活にもなってかたがたよろしい。が、かくも深くかくも強く浸潤せる腐り縁のコンブの名は、容易に改め得べくもない。

いま海藻学を専門としている学者でさえも、昆布をコンブと呼んでいるこの間違いを清算することができず、その著わされた海藻の書物には、みな一つとしてこの誤謬を犯していないものはない。どうも病が膏肓《こうこう》に入っては大医もサジを擲《なげう》たざるをえないとはまことに情けないしだいだ。

声を大にし四方を睥睨《へいげい》して呼ぶ。海帯がコンブであるゾヨ！　昆布がワカメであるゾヨ！　海帯はアラメでないゾヨ！　裙帯菜はワカメでないゾヨ！

# 婆羅門参

キク科の一植物に、わが国植物界で婆羅門参、すなわちバラモンジンと呼んでいる南欧原産の越年草があって Tragopogon porrifolius *L.* の学名を有する。そしてこれを一にムギナデシコというのであるが、これはその緑の葉が軟らかく長くてあたかも麦の葉のようで、そしてその紫色の花をナデシコのに擬したものである。このムギナデシコの名は古く徳川時代の嘉永年間ごろにできたものだが、このムギナデシコに対しての名のバラモンジンは新しく明治年間に付けたもののようだ。私の知るところでは明治八年に発行になった田中芳男、小野職愨増訂の、『新訂草木図説』にこの名が始めて出ているから、たぶんあるいはその頃に用い始めたものであろうか。そして右田中、小野の両氏がどこからこの名をかぎ出してきたのか、今私には不明である。かのロブスチード氏の『英華字典』などにもそんな名は見つからない。私はその出典が知りたいのだが、そのうちどこかから捜し出してみようと思っている。もしもだれかご承知のお方があれば私の蒙を啓いていただきたい。

元来この Tragopogon porrifolius *L.* をバラモンジンと名づけたのは不穏当であった。なんとなれば婆羅門参はヒガンバナ科のキンバイザサ、すなわち仙茅の一名であるからである。李時珍の『本草綱目』によれば、仙茅の条下に

始メ西域ナル婆羅門ノ僧、方ヲ玄宗ニ献ズルニ因テノ故ニ、今江南ニテ呼ンデ婆羅門参ト為ス、言ウココロハ其功ノ補スルコト人参ノ如ケレバナリ

と述べてある。すなわち婆羅門参の由来はこのごとくであって、それはキンバイザサの名にほかならない。

このムギナデシコは欧洲ではSalsify、Vegetable-Oyster（植物牡蠣《カキ》）、Oyster-Plant（牡蠣植物）、Oyster-root（牡蠣根）、Purple Goot's-beard（紫《ムラサキ》山羊《ヤギ》鬚《ヒゲ》）、Jerusalem Star（「エルサレム」の星）、Nap-at-Noon（昼《ヒル》寝草《ネグサ》）といわれ、その直根は軟らかくて甘味を含み、多少香気もありかつ滋養分もあるので食品として貴ばれる。またこれは発汗剤になるともいわれ、そしてそのごく嫩い葉はサラドとして美味である。

属名のTragopogonはTragos（山羊《ヤギ》）pogon（鬚《ヒゲ》）のギリシャ語からなったもので、それはその長い冠毛の鬚に基づいて名づけたものであろう。そして種名のporrifoliusはリーキ葉ノという意味だが、このリーキはネギ属（Allium）のLeekでAllium Porrum *L.* の学名を有しニラネギと呼ぶものである。今わが国でもところにより作られている。

# 日本に秋海棠の自生はない

私はこれまでに秋海棠が日本に自生していると聞かされたことが一再ではなかった。が、しかし秋海棠は断じてわが国には自生はない。それがあるように見えるのは、もと栽えてあったものから解放せられて自生の姿を呈しているので、そこで軽忽な人を瞞化しているにすぎない。そしてその自生姿を展開し繁殖している場所がいつもお寺の境内とか、またはその付近とかに限られている。例えば紀州の那智山とか房州の清澄山とかにそれがあるというのもまたこの類にすぎない。野州のある寺の付近の斜面崖地にもまた同じく自由に繁殖しているところがあった。

元来秋海棠は群をなして繁殖しやすい性質をもっている。すなわちそれは主としてその体上に生じている多くの肉芽からである。この肉芽は無論空中を飛ばないからその繁殖はだいぶ限定せられている。花後の果実からも無数の軽い砕小種子が散出するから、この種子からもまた新苗の萌出することがあるわけだが、私はまだ右種子からの仔苗を見ない。

秋海棠は支那名すなわち漢名である。これを音読したシュウカイドウが和名となっている。元禄十一年（1698）に出版された貝原損軒（益軒）の『花譜』には

正保の比はじめてもろこしより長崎へきたる

と述べ、また宝永六年（1709）出版の同著者『大和本草』によれば秋海棠の条下に

寛永年中ニ中華ヨリ初テ長崎ニ来ル、ソレヨリ以前ハ本邦ニナシ花ノ色海棠ニ似タリ故ニ名ヅク

と書いてあるが、同人の著書でありながら一つは正保といい一つは寛永という、果してどれが本当か。そして上文で見ても秋海棠がわが日本の産でないことが判るので、日本にその自生があるわけがないことがうなずかれる。

秋海棠は真に美麗な花が咲きなんとなく懐しい姿である。さればこそ陳淏子の『秘伝花鏡』にも、秋海棠の条下に

秋色中ノ第一ト為ス――花ノ嬌冶柔媚、真ニ美人ノ粧ニ倦ムニ同ジ

と賞讃して書き

又俗ニ伝ウ、昔女子アリ人ヲ懐シミテ至ラズ、涕涙地ニ洒ギ遂ニ此花ヲ生ズ、故ニ色嬌ト シテ女ノ面ノ如シ、名ヅケテ断腸花ト為ス

とも書いてある。このことはまた『汝南圃史』にも出ている。

秋海棠はジャバならびに支那の原産であって Begonia Evansiana *Andr.* の学名を有し、またさらに *Begonia discolor* R. Br. ならびに *Begonia grandis* Dryand. の異名がある。

# 不許葷酒入山門

各地で寺の門に近づくと、そこによく「不許葷酒入山門」と刻した碑石の建ってあることが目につく。この葷酒とは酒と葷菜とを指したものである。またときとすると『不許葷辛酒肉入山門』と刻してあるものもある。この戒めは昔のことであったが、肉食妻帯が許されてある今日では、もし碑を建てれば、たぶんその碑面へ「歓迎葷酒入山門」と刻すのであろうか。時世が違って反対になった。

右の葷菜とは元来五葷といい、また五辛と呼んで口に辛く鼻に臭あるもの五つを集めた名で、それは神を昏《くら》まし性慾を押えるために用いたものといわれる。

明《ミン》の李時珍がその著『本草綱目』に書いたところによれば

五葷ハ即チ五辛ニシテ其辛臭ニシテ神ヲ昏マシ性ヲ伐《ウ》ツヲ謂ウナリ、錬形家〔牧野いう、身体を鍛錬して無病健康ならしめる仙家の法〕ハ小蒜、韮、芸薹、胡荽ヲ以テ五葷ト為シ、道家ハ韮、薤、蒜、芸薹、胡荽ヲ以テ五葷ト為シ、仏家ハ大蒜、小蒜、興渠、慈葱、茖葱ヲ以テ五葷ト為シ、各同ジカラズト雖モ、然モ皆辛熏ノ物、生食スレバ恚《イカリ》ヲ増シ、熟食スレバ婬ヲ

発シ性霊ヲ損ズ故ニ之ヲ絶ツナリ

と述べてある。右文中にある韮《キユウ》はニラで韮と同じである。芸薹《ウンダイ》はすなわち蕓薹でウンダイアブラナ（私の命名）の和名を有し、今日本でも搾油用として作っている。そして従来日本でのアブラナへこの蕓薹の漢名が用いてあるが、それは誤りであって、この日本のアブラナには漢名はない。胡荽《コスイ》はカラカサバナ科のコエンドロ、薤《カイ》はラッキョウ、興渠は一名薫葉で強臭のある阿魏すなわち Asafoetida である。そしてこれを採取する原植物は Ferula foetida *Reg.* でカラカサバナ科に属し、ペルシャ辺の産である。慈葱《ジソウ》は冬季のネギすなわち冬葱でフユネギである。そして茖葱はギョウジャニンニクで山地に自生し葉の広いものである。

そこで問題解決で筆を馳せ云々せにゃあならんことは、小蒜と大蒜との件である。すなわちこの大蒜はニンニクで一に葫と呼ばれているものである。そしてその小蒜は単に蒜と書いてあるものと同じで、それはニンニクに似た別の品種であるが、じつは私はこれの生品を一度も見たことがないのは残念だ。昔の『本草和名』だの、『本草類編』だの、また『倭名類聚鈔』だのにこれを古比留または古比流、すなわちコビルといっているのは、なにも実物を親しく見ての名ではなく、これは漢名小蒜の二字に基づいた紙上の名であるといってよい。またこれを米比流というのは女ビルか雌ビルかの意で、小蒜から思いついた同じく紙上の名である。そしてこの小蒜はもとは野生のものを栽培してできたもののように書いてある。だからそれに沢蒜だの山蒜だのの名があっても、今はこの小蒜は野生の品とは異なったものであると支那の昔の学者は弁じているが、案ずるにこれはいつか支那へ入った外国産であろうと思う。とにかく小蒜は支那で栽培せられている一種のニンニク式の品で、葉を連ねてその根を煮て食うものである。李時珍がその著『本草綱目』の蒜の条下でいうには

家蒜ニ二種アリ、根茎倶ニ小ニシテ弁少ナク辣甚ダシキ者ハ蒜ナリ小蒜ナリ、根茎倶ニ大ニシテ辣多ク辛クシテ甘ヲ帯ブル者ハ葫ナリ大蒜ナリ

と述べている。また宋の宋奭がその小蒜の形状をいって

小蒜ハ即チ萵ナリ、苗ハ葱針ノ如ク、根白ク、大ナル者ハ烏芋〔牧野いう、オオクログワイである、わが国の学者がこの烏芋をクログワイといっているのは誤りである〕ノ如ク子根〔牧野いう、子は苗か〕ヲ兼テ煮食ウ、之ヲ宅蒜〔宅は沢の誤りだといわる〕ト謂ウ

としてある。

支那では蒜すなわち小蒜は土産品として従来からあったもの、すなわち支那産品であるが、大蒜は漢の時代に西域の胡国から来たもので葫ともまた胡蒜ともいわれている。かく大蒜が外から支那へ入ってきたので、そこで支那で従来からの蒜を小蒜と呼ぶようになったわけだ。愚考するにこの小蒜がたぶん Allium sativum *L.* すなわち Garlic そのもので、これは松村任三博士の『改訂植物名彙』前編漢名之部に出ている小蒜すなわち蒜である。松岡恕庵の『用薬須知』に小蒜を

ノビルとしてあるのは非である。また『倭漢三才図会』に蒜すなわち小蒜をコビル、メビルとしてあるのは古名に従ったので、それはよいとして、さらにこれをニンニクとしてあるのはよろしくない。また大蒜すなわち葫（古名オオヒル）をオオニンニクとしてあるのも不必要な贅名で、これは単にニンニクでよいわけだ。そして葫すなわち大蒜のニンニクの学名は、**Allium sativum** *L.* **var. pekinense** *Maekawa*（= *Allium pekinense* Prokh. = *Allium sativum* L. *forma pekinense* Makino）である。

ニンニクは昔はオオヒルといったが、この称えは今はすたれ、そのオオヒルは古名となった。日本で昔単にヒル（その鱗茎を食うと口がヒリヒリするのでいう）と呼んだのは、実際はニンニクをいったものだが、書物の上ではこのニンニクのオオビルと、コビルすなわちメビルとの二つを指してかくヒルというとなっている。私は今このコビルをニンニクに対せしむるためにそれを新称してコニンニクともいってみたい。それはニンニクに比べればやや小形だからである。

**Allium sativum** *L.* の和名はコビル（コニンニク）であるから、その俗名の **Garlic** もまた厳格にいえば同じくこれをコビルとせねばならない。ふつうの英和辞書にあるように単にニンニクでは正確ではないわけだが、まずまず通俗にいえばそれでも許しておけるであろう。そして強いてニンニクの俗名を作れば、すなわち **Large Garlic** とでもすべきものだ。

# 屋根の棟の一八

一八とはイチハツの当て字で、イチハツとは鳶尾で、鳶尾とは紫羅襴で、紫羅襴とは紫蝴蝶で、紫蝴蝶とは扁竹で、扁竹とは Iris tectorum *Maxim.* で、それはアヤメ科の一花草で、支那の原産で、往時同国から日本に渡ったもので、今日、日本では観賞花草としてよく人家の庭に栽えられてある宿根草であるが、もとより日本には野生はない。

このイチハツは日本で名づけた俗名でありながら、今のところその語原が不明である。茎の頂に花が一つずつ開くから、それで一発の意味だとこじつけられないことはない。だがこのズドンと撃った一発は的を外れ、それは無論勝ち星が得られないこと受け合いだろうが、また世間にはまぐれ当たりということもある。

方々を歩いてみると、往々このイチハツを藁屋根の棟に密に列植してあるのを見かけるが、その紫葩を翻す花時にはすこぶる風流な光景を見せている。われらはこのイチハツがナゼそんなところに植えてあるのか不審に思うのだが、しかしそれには理由がある。すなわちそれは強風で家の棟が取られないために屋脊を保護してあるのである。今ならトタン板を利用するところだが、昔日本には無論そんな気の利いた材料がなかったので、そこで天然物でこれを覆いイチハツの根でしっかりと押えつけたものであるところに面白味がある。今朝見ればゆうべの風で棟がはげ大事のイチハツどこへ風が飛ばしたか、その補充でこの家の主人思わん仕事がまた一つ増えたわけだ。風め！　しょうがないなあとつぶやく。

この学名の Iris tectorum *Maxim.* の tectorum は「屋根の」あるいは「家屋に生長している」との意味である。この種名はこの学名の命名者マキシモウィッチ（Maximowicz）氏が日本で屋根のイチハツを望み見て名づけたものである。そしてその研究命名の材料の一つは横浜付近で得たのだから、たぶんそれは程ケ谷町（保土ケ谷町）で採ったのであろう。そして同地では今日でもなおイチハツの藁葺屋根が残っている。

支那の書物の『秘伝花鏡』にある紫羅襴（イチハツ）の文中に「性喜《コノム》二高阜牆頭《ヲ》一種《レバ》則《チ》易《シ》レ茂《リ》」とあるところをみれば、同国でも高い阜《おか》や牆《かき》の背に生えることがあるとみえる。そうするとこのイチハツはその生えているところがたとえ乾くことがあっても、それに堪え忍ぶ性質をもっていると思う。つまりその地下茎が硬質で緻密でよく水を抑留して長くその生命を保っているものとみえる。

元禄七年（1694）にできた貝原益軒の『豊国紀行』に

別府のあたりには家の棟に芝を置いて一八と云花草をうへて風の棟を破るを防ぐ武蔵国に

あるが如し、風烈しき故と云家毎に皆かくの如し

と書いてある。この紀行文は豊後別府の人森平太郎氏が昭和十四年に発行した『大分県紀行文集』に収録せられているが、この紀行文へ対して後に入れた頭注を書いた福田紫城氏の文に

鳶尾草也、大正震災前まで、東海道線平塚駅付近及び箱根山中の農家に於て、福田は屢々この風俗を目撃せり、別府に於ても明治十年頃までは、この古風を存したりと云ふ

と出ている。また益軒の『大和本草』にも紫羅傘〔傘は襴の誤り〕すなわちイチハツの条下に

民家茅屋ノ棟ニイチハツヲウヘテ大風ノ防ギトス風イラカヲ不破

と書いてある。

昔の東海道筋にあたる武蔵程ケ谷（保土ケ谷）の藁葺の家には、その屋根の棟にイチハツが栽えてあって、花時にはその花があわれにも咲いてなお昔の面影をとどめている。もしも時の進みでこの藁葺の家がなくなれば、この風景が見られなく、きのうはきょうの物語になるのであろう。伊豆の湯ケ島（温泉場）ではこれを万年グサと呼んでいる。これはそのイチハツを屋上に栽うれば久しく生活して永く残るゆえだといわれる。

甲州ではイワヒバ（方言イワマツ）が藁葺屋根の棟に列植せられてある。東北地方では同じく藁葺の屋根草にまじって、往々オニユリの花が棟高く赤く咲いていていてすこぶるひなびた風趣を呈している。

泰西のある学者は横浜付近の野にイチハツが野生しているように書いているが、それは見誤りで、イチハツは絶対にわが国に野生はない。

# ワルナスビ

ワルナスビとは「悪茄子」の意である。前にまだこれに和名のなかった時分に始めて私の名づけたもので、ときどき私の友人知人たちにこの珍名を話して笑わせたものだ。がしかし「悪ナスビ」とはいったいどういう理由で、これにそんな名を負わせたのか、一応の説明がないと合点がゆかない。

下総の印旛郡に三里塚というところがある。私は今からおよそ十数年ほど前に植物採集のために、知人たちといっしょにそこへ行ったことがある。ここは広い牧場で外国から来たいろいろの草が生えていた。そのとき同地の畑や荒れ地にこのワルナスビが繁殖していた。

私は見逃さずこの草を珍しいと思って、その生根を採ってきて、現在所東京北豊島郡大泉村（今は東京都板橋区東大泉町となっている）のわが圃中に植えた。さあ事だ。それは見かけによらぬ悪草で、それからというものは、年を逐うてその強力な地下茎が土中深く四方にはびこり始末に負えないので、その後はこの草に愛想をつかして根絶させようとしてその地下茎を引き除いても引き除いても切れて残り、それからまたさかんに芽立ってきて今日でもまだ取りきれなく、隣の農家の畑へも侵入するという有様。イヤハヤ困ったもんである。それでも綺麗な花が咲くとかみごとな実がなるとかすればともかくだが、花も実もならん見るに足らないヤクザものだから仕方がない。こんな草を負い込んだら災難だ。

茎は二尺内外に成長し頑丈でなく撓《たわ》みやすく、それに葉とともに刺がある。互生せる葉は薄質で細毛があり、卵形あるいは楕円形で波状裂縁をなしている。花は白色微紫でジャガイモの花に似通っている一日花である。実は小さく穂になって付き、あまり冴えない柑黄色を呈してすこぶる下品に感ずる。

この始末の悪い草、なんにも利用のない害草に悪ナスビとはうって付けた佳名であると思っている。そしてその名がすこぶる奇抜だから一度聞いたら忘れっこがない。

この草は元来北米の産でナス科ナス属に属し Solanum carolinense *L.* の学名を有する。アメリカ本国でも無論耕地の害草で、さぞ農夫が困りぬいているであろうことが想像せられる。そしてこの草の俗名は Horse-Nettle, Sand-Brier, Apple-of-Sodom, Radical-weed, Bull-Nettle ならびに Tread softly である。

ついでに、三里塚にはこれも北米原産の Rudbeckia hirta *L.* がたくさんに生えている。茎は立ち葉は披針形で毛がある。花季には黄色の菊花が競発する。まだ和名がないようだから、私はさきに黄金菊《コガネギク》の名をつけておいた。

# カナメゾツネ

ヨタレソツネはナラムウヰノと続くイロハ四十七字中の字句であるが、このカナメゾツネはちっとも意味の分からん寝言みたいな変な名だ。これぞ明治の初年に東京は山手の四ツ谷辺で土地の人に呼ばれていた称呼で、それはアミガサタケの俗称である。そしてこの菌《きのこ》の学名は Morchella esculenta *Fr.* であって、その属名の Morchella はドイツ名の Morchel をジレニウスという学者が変更した名、種名の esculenta は食用トナルベキの意である。

この編笠をかぶった姿のアミガサタケはなにも珍しいほどのものではなく、五月の季節が来れば方々に生える地上菌で、その形が奇抜なものである。そしてその色はなま黄色い灰白色で、なんだか毒ナバ（毒菌の意）らしく見える。西洋では昔からこの菌の食用になることを知っていた。

しかしこの菌が食えると聞いたら、ふつうの人はその姿から推してこれを怪訝に思うであろう。そしてよほどもの好きな人でないかぎりたぶん食ってみる気にはならないであろう。が、かつて友人の恩田経介理学士は、同君の宅の庭にいくつか忽然と生え出たこの菌をうまいうまいと食べた一人であった。同君は次の年もやはり生えると楽しんでいたが、どういうもんか、それ以来ちっとも顔を見せないとこぼしていられた。たぶんこれはキノコがまた食われては大変だと恐れをなして引っ込んだんだろう。そしてこれを味わうにはその菌体に塩を抹して焼いて食ってもよいといわれるが、私はまだ食わんからその味を知らない。私の庭にもひととし数頭生えたことがあったが、その後いっこうにつん出てこない。今度幸いに生えたらその機を外さず食わにゃならんと待ちかまえている。

アミガサタケは編笠蕈の意で、この名なら造作もなくその意味が分かるが、カナメゾツネときたら唐人の寝言でなんのことかサッパリ分からぬ。それでこの書へこうして出しておいたなら、世間は広いし識者も多いことだからあるいは解決が付かないもんでもなかろうと、一縷の望みを繋いでかくはものし待んぬ。

# ヒルガオとコヒルガオ

日本のヒルガオには二つの種類があって、一つはヒルガオ（Calystegia nipponica *Makino,* nom. nov. = *C. japonica* Chois. non *Convolvulus japonicus* Thunb.）、一つはコヒルガオ（Calystegia hederacea *Wall.*）である。これらは昼間に花が咲いているので、それで昼顔の名があって朝顔（Pharbitis hederacea *Chois.* var. Nil *Makino* = *Ph. Nil* Chois.）に対している。

また右のヒルガオ、アサガオとは関係はないがついでだから記してみると、今日民間で夕顔と呼んでいるものはいわゆる Moon-flower（Calonyction Bona-nox *Bojer*）で、これは夕顔の名を冒しているが、その正しい称えは夜顔（田中芳男氏命名）である。そして本当の夕顔は瓜類の夕顔（Lagenaria leucantha *Rosby* var. clavata *Makino*）で、これは昔からいう正真正銘のユウガオである。ここに四つの顔が揃った。すなわち朝顔、昼顔、夕顔、夜顔である。これを歌にすれば

四つの顔揃えて見れば立ち優る、顔はいずれぞ四つのその顔

いにしえよりわが国の学者はコヒルガオをヒルガオとし、ヒルガオをオオヒルガオと呼んでいるが、私の考えはこれと正反対で、右のヒルガオをコヒルガオとし、オオヒルガオをヒルガオと

認定している。それはそうするのが実際的であり自然的であり、また観賞的であって、したがって先人の見解が間違っているとみるからである。

　なぜ昔からの日本の学者たちは、その花が爽やかで明るく、その大きさが適応で大ならず小ならず、その見た姿がすこぶる眼に快いヒルガオの花が、夏の郊外で薫風にそよぎつつそこかしこに咲いているにかかわらず、花が小さくてみすぼらしく色も冴えなく、なんとなく貧相であまり引き立たないコヒルガオを特にヒルガオと称えたかと推測するに、それはいにしえよりわが国の学者が、随喜の涙を流して尊重した漢名すなわち支那名が禍をなしてこんな結果を生んだものだと私は確信している。そうでなければ一方に優れた花のヒルガオがあるにもかかわらず、花の美点の淡き貧困なコヒルガオをことさらに選ぶ理窟はないじゃないか。

　支那の本草、園芸などの書物に旋花、一名鼓子花、別名打碗花等があるが、これらは元来コヒルガオの漢名でヒルガオの名ではない。にもかかわらず日本の学者たちはみなこれをヒルガオとしているから、そこで古来一般この旋花すなわち鼓子花がヒルガオの名になっているのである。そしてこの種以外にある優れた花のヒルガオを特にオオヒルガオと呼んでいるが、これはこのように取り扱うにはおよばなく、このオオヒルガオをヒルガオとすればそれでよろしく、実際その花がヒルガオとしての価値を十分に発揮している。六、七、八月の候に野外でよくこれを見受けるが、この花をヒルガオそのものとすればだれでもなるほどとうなずくのであろう。そして支那、否、アジア大陸にはこの品はなく、これは日本の特産でありすなわち一つの国粋花でもある。従来の本草学者はこれを『救荒本草』に出ている藤長苗に当てているが当たっていない。そしてこの藤長苗はその葉に底耳片なく茎には細毛ある種でわがヒルガオとは全然異なっている。Bailey氏のA Manual of Cultivated Plantsの書中にあるConvolvulus japonicus *Thunb.* は日本（支那にもインドにもある）のコヒルガオと支那産の藤長苗（?）とが混説せられているようだ。そしてCalystegia pubescens *Lindl.* はたぶん藤長苗の学名であろう。かつまたConvolvulus japonicus *Thunb.* はコヒルガオそのものであってヒルガオではない。

ヒルガオには白花品があってこれをシロバナヒルガオと称する。古人の描いた図にも出ているが、私は先年これを紀州高野山で採集した。学名はCalystegia nipponica *Makino* var. albiflora *Makino* である。そしてこれをCalystegia subvolubilis *Don* var. albiflora *Makino et Nemoto* とするのは非で、このC. subvolubilis *Don* は全然日本になく、これは大陸の種である。そして日本のヒルガオは日本の特産で大陸にはなく、したがって支那にも産しない。ゆえにヒルガオには漢名はない。上記のごとく旋花、一名鼓子花を昔からヒルガオとしてあるこのいわゆるヒルガオは、前述のとおりまさにコヒルガオそのものであり、またあらねばならない。

旋花の意味は、その花の花冠（Corolla）が弁裂せずに完全に合体して、環に端がないように、その縁がめぐっているからだといわれる。また鼓子花の意味はその形が軍中で吹く鼓子に似ているからだとのことである。そうするとこの鼓子は鼓のようにポンポンと打つもんではなくて、ブーブーと吹き鳴らす器である。

# ハマユウの語原

ハマユウはハマオモトともハマバショウともいうもので、漢名は『広東新語』にある文珠蘭であるといわれる。宿根性の大形常緑草本でヒガンバナ科に属し *Crinum asiaticum L.* var. *japonicum Baker* の学名を有し、わが国暖国の海浜に野生している。葉は多数叢生して開出し、長広な披針形をなし、質厚く緑色で光沢がある。茎は直立して太く短い円柱形をなし、その葉鞘が巻き重なって偽茎となっている。八、九月頃の候葉間から緑色の葶を抽き、高い頂に多くの花が集まって繖形をなし、花は白色で香気を放ち、狭い六花蓋片がある。六雄蕋、一子房があってその白色花柱の先端に紅紫色を呈する。花後に円実を結び淡緑色の果皮が開裂すると大きな白い種子がこぼれ出て砂上にころがり、その種皮はコルク質で海水に浮かんで彼岸に達するに適している。そしてその達するところで新しく仔苗をつくるのである。

葉の本の茎はじつは本当の茎ではなく、これはその筒状をした葉鞘が前述のように幾重にも巻き重なって直立した茎の形を偽装しており、これを幾枚にも幾枚にも剝がすことができ、それはちょうど真っ白な厚紙のようである。

『万葉集』巻四に

三熊野《みくまぬ》之《の》浦《うら》乃《の》浜木綿《はまゆふ》百重《ももへ》成《なす》 心《こころ》者《は》雖念《もへど》直《ただに》不相鴨《あはぬかも》

という柿本人麻呂の歌がある。この歌中の浜木綿《はまゆう》はすなわちハマオモトである。この歌の中の「百重成」の言葉はじつに千金の値がある。浜木綿の意を解せんとする者はこれを見逃してはならない。

貝原益軒の『大和本草』に『仙覚抄』を引いて

浜ユフハ芭蕉ニ似テチイサキ草也茎ノ幾重トモナクカサナリタル也ヘギテ見レバ白クテ紙ナドノヤウニヘダテアルナリ大臣ノ大饗ナドニハ鳥ノ別足ツヽマンレウニ三熊野浦ヨリシテノボセラル、トイヘリ

とある。また『綺語抄』を引いて

浜ユフハ芭蕉葉ニ似タル草浜ニ生ル也茎ノ百重アルナリ

ともある。

また月村斎宗碩の『藻塩草』には「浜木綿」の条下の「うらのはまゆふ」と書いた下に

みくまのにあり此みくまのは志摩国也大臣の大饗の時はしまの国より献ずなる事旧例也是をもって雉のあしをつゝむ也抑此はまゆふは芭蕉に似たる草のくきのかはのうすくおほくかさなれる也もゝへとよめるも同儀也又これにけさう文を書て人の方へやるに返事せねば其人

わろしと也又云これにこひしき人の名をかきて枕の下にをきてぬればかならず夢みる也此みくまのは伊勢と云説もあり何にも紀州にはあらず云々

とある。

浜木綿《ハマユウ》とは浜に生じているハマオモトの茎の衣を木綿《ユウ》（ユウとは元来は楮すなわちコウゾの皮をもって織った布である。この時代にはまだ綿はなかったから、ひっきょう木綿を織物の名としてその字を借用したものにすぎないのだということを心に留めておかねばならない。ゆえにユウを木綿と書くのはじつは不穏当である）に擬して、それで浜ユウといったものだ。人によってはその花が白き幣を懸けたようなのでそういうといっているけれど、それは皮相の見で当たっていない。本居宣長の『玉かつま』十二の巻「はまゆふ」の条下に

浜木綿……浜おもとと云ふ物なるべし……七月のころ花咲くを其色白くて垂《たり》たるが木綿に似たるから浜ゆふとは云ひけるにや

と書いてあるが、「云ひけるにや」とあってそれを断言してはいないが、花が白くて垂れた木綿に似ているから浜ユウというのだとの説は、とっくに人麻呂の歌を熟知しおられるはずの本居先生にも似合わず間違っている。

同じく本居氏の同書『玉かつま』木綿の条下に

いにしへ木綿《ユフ》と云ひし物は穀《カヂ》の木の皮にてそを布に織たりし事古へはあまねく常の事なり

しを中むかしよりこなたには紙にのみ造りて布に織ることは絶たりとおぼへたりしに今の世にも阿波ノ国に太布《タフ》といひて穀の木の皮を糸にして織れる布有り色白くいとつよし洗ひてものりをつくることなく洗ふたびごとにいよ〳〵白くきよらかになるとぞ

と書いて木綿《ユウ》が解説してある〔牧野いう、土佐で太布《タフ》というのは麻《アサ》で製した布のものをそう呼んでいた〕。小笠原島にオオハマユウというものがある。その形状はハマユウすなわちハマオモトと同様でただ大形になっているだけである。この学名は Crinum gigas *Nakai* である。が、私は今これを Crinum asiaticum *L.* var. gigas (*Nakai*) *Makino* (nov. comb.) とするのがよいと信じている。

# オトヒメカラカサ

海藻である緑藻部（Chlorophyceae）の中に、緑色のやさしい姿をしている石灰質の珍しいオトヒメカラカサ（乙媛傘、すなわち竜宮の仙女乙媛の傘の意）があって、この和名は私の名づけたものだが、しかし一般の海藻学者はこれをカサノリ（傘海苔）といっている。すなわちこれは始め藻類専門家の理学博士岡村金太郎君（東京人）の名づけたものである。私はこの美麗で優雅でかつ貌の奇抜な本品に、この雅ならざるのみならず、あまりにも智慧のなさすぎる平凡しごくなその名が付いているのを惜しみ、その別名の意味で上のようにこれを乙媛傘と名づけてみたしだいだが、これは前人の名づけた名前を没却する悪意では決してない。しかしカサノリというとそのカサは笠か傘かどちらか分からんので、これはぜひ一目して傘の姿を連想させたい。笠は編笠、菅笠、陣笠のように柄がないので形がこの笠にはあたらない。またあるいはカサを瘡《カサ》とも感ずる。すなわちその海藻が痂《カサブタ》のような形ではないかとも想像する人がないとも限らない。また重なることも嵩《カサ》というからあるいはそれを重畳の意味にとらんでもあるまい。それゆえこれはどうしても明瞭に、カサノリのカサは笠ではなくてそれは傘の意味だということを徹底させておく必要があるのではなかろうか。

このオトヒメカラカサは Acetabularia 属のものだが、私がオトヒメカラカサと名づけた時分には、日本の学界でこの種を一般に Acetabularia mediterranea *Lamx.* と信じていたが、後にこの学名で呼ぶのは誤りであることが判って、今日ではそれが Acetabularia lyukyuensis *Okamura et yamada* と改められた。そして私が右のオトヒメカラカサの副和名を公にしたのは大正十三年(1924)十二月に東京帝室博物館で発行した『東京帝室博物館天産課日本植物乾腊標本目録』であった。すなわち今から二十九年も前のことに属する。

ついでながら、ここに同目録で私が新和名を下した海藻は次の品々であったことを紹介しておこう。この時分にはこれらの海藻に和名がなかった。

Amphiroa aberrans *Yendo*(フサカニノテ)、Amphiroa declinata *Yendo*(マガリカニノテ)、Amphiroa ephedracea *Lamx.*(マオウカニノテ)、Grateloupia imbricata *Hoffm*(シデノリ)、Grateloupia ligulata *Schmitz*(ナガムカデ)、Ceramium circinatum *J. Ag.*(マキイギス)、Dasya scoparia *Harv*(ヒゲモグサ)、Dasyopsis plumosa *Schmitz*(ヒゲモグサモドキ)、Heterosiphonia pulchra *Ekbg.*(シマヒゲモグサ)、Laurencia obtusa *Lamx.*(マルソゾ)、Laurencia tuberculosa *J. Ag.*(タマソゾ)、Polysiphonia Savatieri *Hariot*(サバチエグサ)、Polysiphonia urceolata *Grev.*(アカゲグサ)、Polysiphonia yokosukensis *Hariot*(ヨコスカイトゴケ)、Champia expansa *Yendo*(オ

オヒラワツナギ）、Gymnogongrus divaricatus *Holm*（ハタカリサイミ）、Sargassum Kjellmanianum *Yendo*（コバタワラ）、Colpomenia sinuosa *Derb. et Sol.* forma deformans *Setch. et Gard*（ヒロフクロノリ）、Colpomenia sinuosa *Derb. et Sol.* forma expansa *Saund*（ヒラフクロノリ）、Chaetomorpha moniligera *Kjellm.*（タマシュズモ）、Cladophora utriculosa *Kuetz.*（ヒメシオグサ）、Enteromorpha clathrata *J. Ag.*（コウシアオノリ）。

# 徳川時代から明治初年へかけての西瓜

スイカの支那名は西瓜で、その学名は Citrullus vulgaris *Schrad.* である。わが国でつくられる瓜類の中で特にその葉が細裂しているので、すぐに他の瓜類とは見分けがつく。熱帯地方ならびに南アフリカ地方の原産で俗に Watermelon（ウォーターメロン）と呼ばれる。

スイカは水瓜の意ではなく、西瓜の唐音から来たものであることが寺島良安の『倭漢三才図会』に出ている。そうしてみると、この水々しい瓜でも上のように水瓜の意味ではないことが分かる。

白井光太郎博士の『植物渡来考』に『長崎両面鏡』を引いて「天正七年に西瓜南瓜の種来る」と書いてある。しかるに御小松院の時の人、僧の義堂の詠じた詩でみれば、なおその前に西瓜があったことになる。そしてその詩は「西瓜今見生《コトヲ》二東海《ニ》一剖破《スレバ》 含《ム》二玉露《ノ》濃《ナルヲ》一」である。貝原益軒の『大和本草』によれば、スイカは寛永年中に初めて異国から来たとある。寺島良安の『倭漢三才図会』には西瓜は慶安年中に黄檗の隠元が入朝の時西瓜、扁豆《インゲンマメ》等の種を携えてきて始めてこれを長崎に種えたとある。すなわち上の寛永よりは少し後である。

今日では淡緑色皮の円いスイカ、楕円形で皮に斑紋のあるスイカが普通品だが、もっと前、私どもの若い頃のスイカの普通品はまん円い深緑色皮のものであったが、それがいつとはなしに世間になくなった。そしてこのスイカの種子は大きくて黒色であった。これに比べると今日のスイカの種子は色も違い形も楕円形で小さい。右の深緑色球形のスイカは徳川時代から明治時代へかけての普通品で、小野蘭山の『本草綱目啓蒙』にも

皮深緑色ニシテ瓤赤ク子黒キモノハ尋常ノ西瓜ナリ

とある。岩崎灌園の『本草図譜』にもその図を載せ、

六七月に瓜熟す皮深緑肉白色瓤紅赤色子は黒色なり此物尋常の西瓜なり

と書いてある。しかしこの時分でも西瓜の変り品が幾種かあって、円いのも長いのもまた皮に斑のあるものもあった。そしてその名もいろいろで、例えば白スイカ、木津スイカ、赤ホリ（伊勢赤堀村の産）、長スイカ、ナシキンなどである。また当時皮と瓤とが黄色でアカボウと呼ぶものもあった。また皮は緑色で中身の瓤が黄色の黄ズイカもあった。また袖フリというごく小さい西瓜もあった。

支那人は常に種子を食する習慣がある。すなわち歯でその皮を割りその中身の胚を味わうのである。食べ慣れないとなかなか手際よくゆかない。それにはその種子が大きくないとかなわんので、支那では特に種子食用の西瓜がつくられていると聞いたことがあった。

# われ先ず採りしアスナロノヒジキ

アスナロとはアスナロウで明日《アス》ヒノキになろうといってなりかけてみたが、ついになりおうせなかったといわれる常緑針葉樹だ。相州の箱根山や、野州の日光山へ行けば多く見られる。この樹はマツ科に属し Thujopsis dolabrata *Sieb. et Zucc.* の学名を有するが、もとの学名は Thuja dolabrata *L. fil.* であった。そしてこの種名の dolabrata は斧状の意で、それは斧の形をして枝に付いているその葉の形状に基づいたものだ。

この樹の枝にはアスナロノヒジキと呼んで、一種異様な寄生菌類の一種が付いて生活していて、その学名を Caeoma deformans *Tubeuf* と称するが、その最初の学名は Uromyces deformans *Berk. et Ber* であった。また白井光太郎博士は Caeoma Asunaro *Shirai* の学名を設けたがこれは不用になった。すなわちこの種名の deformans は畸形あるいは不恰好というような意味で、それはその菌体の形貌に基づいたものである。そしてそれをアスナロノヒジキと呼んだが、しかしヒジキの名はあっても海藻のヒジキのように食用になるものではなく、単にその姿をヒジキになぞらえたものにすぎないのである。

アスナロウノヤドリキ＝アスナロノヒジキ
（『本草図譜』・原図は着色）

さてこの寄生菌そのものが始めて書物に書いてあるのは岩崎灌園の『本草図譜』であろう。すなわちその書の巻の九十にアスナロウノヤドリキとしてその図が出ている。けれどもその産地が記入してない。が、しかしそれはたぶん野州日光山かあるいは相州箱根山かの品を描写したものではないかと想像せられる。

明治の年になって東京大学理科大学植物学教室の大久保三郎君（大久保一翁氏の庶子でかつて英国へ遊学し、帰朝して矢田部良吉教授のもとで助教授を勤めていた穏やかな人だったが、明治二十五年矢田部教授が大学を非職になったとき同時に大学の職を退き、のち東京高等師範学校の教員となっていた）がこれを明治十八、九年（1885-6）頃に相州箱根山で採って、それ

を明治二十年（1887）三月発行の『植物学雑誌』第一巻第二号で

又同駅〔牧野いう、箱根駅〕ヨリ三町モ熱海道へ出タル処ニひめあすなろう〔牧野いう、ふつうのあすなろで、これをかくひめあすなろうというは誤りだ〕一本〔駅ヨリ行ク時ハ左側〕アリ是モひめあすなろうナレバ別ニ面白キコトモナシトテ過行カバソレギリナリシガ其時思フニ縦令ひめあすなろうニモセヨ植物ノ散布ヲ調ブル時ノ為ニハ入用ナレバ一枝ヲ採ラント立寄リシニ葉ノ裏ニ二叉ヅ、二枝ヲ出セシモノ、別ニ葉モ花ラシキ者モナキ寄生品ヲ見出セリ、アレハあすなろうノ葉ノ変化物ナラント云ヘリ当時余モ葉ノ変物ナルヤ全ク一種ノ寄生物ナルヤヲ確定スル能ハザリシガ其後再ビ箱根ニ赴タル時前述ノ木ト今少シ駅ニ近キ処ノ右側ノ小林中ニテ同物ヲ得タリ此度ハ其生ズル処ハ葉ノミニ限ラズ枝ニモ幹ニモ生ゼリ而シテ其全ク一種ノ寄生植物ニシテ年々新枝ヲ出ス頃ニハ前ニ栄ヘシ枝ハ枯レ行クモ全ク枯レ尽ルコトナキ多年生本ナルコトヲ見出セリ、而シテ子房ノ様ナルモノヲ発見セリ〔此植物ニ付テハ他日再述ブルコトアルベシ〕

と書いてある。しかし同君はそれを菌類とは気づかず、なにか寄生の顕花植物だと想像し、前記のように「子房ノ様ナルモノヲ発見セリ」と書いている。

次いで白井光太郎博士が明治二十二年（1889）七月発行の同誌第参巻第二十九号で、さらに詳細にこれを図説考証した。そのときに同博士はこれを一種の寄生菌だと断定し、それをCaeoma

属の種類であろうと考えられた。そしてこれにアスナロノヒジキなる新称をあたえ、

此物和名なし依て仮に之れをあすなろのひじきと名付けたり此名は伊豆数島の方言にひのきばやどりきをつばきのひじきといへるを思ひて其の形の稍似たるより名付たるなり但し此の物は其の形やどりぎに似たるといへども其の性質全くやどりぎと異なり寄生菌の為めに起る一種の樹病なり之れをあすなろのやどりきといはずしてひじきといへるはこれが故なり而して此のひじき状をなしたる物は寄生菌の為めに異常の発育をなしたるあすなろの枝なり独逸にて此類の病を hexenbesen と名付く

と書かれた。

ここに面白い私の功名ばなしがある。それはそのアスナロノヒジキを相州箱根で採ったのは、右の大久保三郎君よりは私が一足さきであったことである。すなわちそれは今から七十二年前の明治十四年（1881）六月に私は東京からの帰途この箱根を通過した。ときに私の年は二十歳であった。そしてその峠のところで尾籠《びろう》な話だがたまたま大便を催したので、路傍の林中へはいって用を足しつつそこらを眺め回していたら、ついすぐ眼前の木の枝に異形なものが付いているのを見つけた。用便をすませてさっそくにその枝を折り取り標品として土佐へ持ち帰り、これを日本紙の台紙に貼付しておいた。のち明治十七年（1884）になって再び東京へ出たとき、またそれを他の植物の標品といっしょに持参した。しかし久しい前のことで今その標品はいずれかへ紛失して

手もとに残っていないのが残念である。すなわちこのアスナロノヒジキはかくして私がはじめてこれを箱根で採ったのである。大久保君が同山で採ったのはそれより六、七年も後で明治十八、九年頃であったのである。

このアスナロノヒジキは一種の寄生菌、すなわちアスナロの害菌で、そのもとの学名Uromyces deformans *Berk. et Br.* ははじめてかのチャレンジャー航海報告書にその図説が発表せられたのである。すなわちその原標品は同船の採集者が、わが日本で採集し持ち帰ったものだ。西暦一八八七年わが明治二十年に発行になった英国のJournal of the Linnean Society 第十六巻に図（記事も共に）が載っている。

この菌はまたアスナロに近縁異属のクロベ一名ネズコすなわちThuja Standishii *Carr.*（＝*Thuja japonica* Maxim.）にも寄生するのだが、この樹のものは瘠小で緑色を呈しすこぶる貧弱な姿を呈している。私はこれをクロベヒジキと新称し、その学名をCaeoma deformans *Tubeuf.* var. gracilis *Makino,* var. nov. (Body smaller, slender, loosely ramose, green.）と定めたがこれは稀品であって、私はこれを野州日光の湯元で採った。

# 盗賊除け

男子蘭《オトコラン》！　なんと勇ましい名じゃないか。元来それはどんな植物か。またこれがそういう名をつけたか。すなわちこれはユリ科に属する Yucca gloriosa *L.* に対して私の命じた和名なのである。そしてこの植物は北米の南カロリナ州から南してフロリダ州の海浜に沿った地の原産で、俗に Spanish Dagger（イスパニア人の短剣）といわれるものである。

このYuccaという属名は元来トウダイグサ科の Manihot（すなわちその肉根から Tapioca, Cassava, Macaroni が製せられる）に対する Yuca という土名であるのだが、それを昔 Gerarde という学者が今の植物と間違えたのであるといわれる。そしてその種名の gloriosa は noble で崇高すなわち気高い意味で、それはこの植物を賞讃したものである。

本品は強壮な常緑多年生の硬質植物で、茎は粗大で短く、あまり高くならない。深緑色を呈した葉は強質であたかも銃剣の状をなし、多数に叢生して幅がややひろく、その形は披針形で葉末は鋭い刺尖を呈している。そして葉心から太い花軸を立てて大なる花穂を挺出し、六花蓋片の白花を群着する。雄蕊の葯と雌蕊の柱頭とはそうとう相離れていて、どうしても蛾の媒介がなくてはその結実がむずかしい特性をもっている。すなわちこの属はこの点のため世界で著名なものとなっている。

この男ランが今、日本国会議事堂の前庭に列をなしてたくさんに植わっていてすこぶる勇壮な装飾となっている。すなわちこれが偶然にも国会の庭前に列植せられているのが幸いで、私はこれは議員諸君が熱意をもって国政を議するとき、わが日本のために男らしく尽すという表徴植物たらしめたいと思っている。私はこの男ランの名を無意義に終わらしめぬように議員諸君に懇願してやまない。そして議員諸君が登院の際にはぜひとも右の意味で必ず燃ゆる心の一瞥をこの男ランの上に注がれんことを切望する。

ここに別に君ヶ代蘭（私の命名）という同属の一種があって、植物園にはもとより、今諸所の人家の庭にも見られるが、この種の葉は上の男ランとは違い、その葉叢生していて狭長厚質な緑葉が四方に垂れている。ずっと以前に小石川植物園ではこの品を Yucca gloriosa *L.* だと思っていた。その時分に本品に対して君ヶ代ランの和名（私の命名）ができた。しかるにこれはじつは Yucca gloriosa *L.* ではなくて Yucca recurvifolia *Salisb.*（= *Yucca gloriosa* L. *var. recurvifolia* Engelm.）の学名のものであることが後に分かった。そしてこれもまた北米フロリダ州の原産である。しかしその和名はそのままにしておいた。

ついでに日本へ来ている Yucca 属にはふつうの場合次の二種がある。すなわち一つは無茎種で俗に Adam's Needle（アダムの針）と呼ばれる Yucca filamentosa *L.* で、その葉縁には白い糸があるからすぐに見分けがつく。そしてこれをイトランと称する。いま一つは顕著なる有茎種で高く立ち、剣状の硬質葉が多数に茎の周囲に密生している。この種は渡来している他の品種とは違って往々長楕円形の肉果が生るのだが、それはなんという国産の蛾が媒介する結果なのか、まだだれも親しく実験したわが学者の名を聞いたことがない。本種の学名は Yucca aloifolia *L.* で Spanish Bayonet（イスパニア人の銃剣）なる俗名がある。そしてその和名をチモランと称しているが、このチモランはじつはイトランの方の名で元来は千毛蘭と書いてある。これは葉縁の鬚毛に基づきそう書いたものをチモウランと訓まずチモと訓み、後に間違えられて Yucca aloifolia *L.* の名になったのであるが、今日の学者にはこんなイキサツのあることはおそらくだれも知るまいから、今ここにそれを明らかにしておく義務が私にはある。明治十五、六年頃に土佐高知の多識学者今井貞吉君がこれを千枚蘭《センマイラン》と名づけていたが、私はこれはよい名だと思った。同君のいうには、塀の内部へこれを列植すれば剣のような多くの葉がむらがり刺すのだから、暗夜に塀を越えて侵入し来る盗賊を防ぐにはまことに良策であると話していた。

盗賊を防ぐので思い出したのは、ジャケツイバラを塀の背に這わすことだ。これは最も有効な植物利用の防盗策であると信ずる。あの逆に曲がっている無数の鉤刺は強く固く、この鋭い鉤刺には何ものも敵し難く、煩わしくよく引っかかり決して脱することができない。そして冬月その葉の小葉は落ち去ってもなお鉤刺をよろうその主軸ならびに枝軸には依然としてその鉤刺が残り、その刺体はしっかと茎に固着して脱去しない。ゆえに四季を通じていつも有効である。そしてこの植物にはかく刺はあるが、その再羽状複葉はその姿その色まことに眼に爽やかであるばかりではなく、さらに大きな花穂を葉間に直立させて黄花を総状花序につづるの状また大いに見るに足り、塀上の風趣また掬すべきものがある。私は先年伊勢宇治の町で偶然珍しくこのありさまを見、その家の主人の風流と慧眼とに感服したことがあった。

風流で盗賊防ぐ思い付き

上に記した土佐高知の今井貞吉君は今はとっくに故人となったが、同君は多識なうえにすこぶる器用でかつ多趣味な人で、よくいろいろのことに通じていた。その中でも特に古銭にくわしく斯界での大家であった。『古泉大全』と題する大著があって、その書中の古銭図は、もし間違いがあっては正鵠を失するといって、みな自身で手を下していねい正確に彫刻し、その書の印刷もまた活版印刷機を室内に用意し、下女などに手伝わせて自家の座敷、畳の上で印刷したものである。のち東京の守田宝丹(下谷池ノ端、宝丹本舗の主人)が編した古泉の著書もだいぶ今井君がその面倒を見たものであった。同君はまた日本全国郵便局の消印ある二銭の郵便切手(赤色)を集めていた。中には既に廃局になった郵便局の消印あるものまでもみな洩らさずにことごとく集めていた。これはまず類を見ないなかなか凝った趣味的蒐集である。

私はよく高知付近の植物産地を同君からきいたことがあって、今もそれを書きつけたものが手もとに残っている。

その時分同君の庭に竜眼樹の盆栽があって、その実を着けた写真が、これも同君から貰って今も所蔵している。これが土佐高知で実を結んだのは珍しいことであるが、冬はきっと窖へ入れて保護したのであろう。同家の庭は広くて水石の景致に富んでいた。その植え込みの中に大きなハマユウがあったことを今も記憶している。同君の邸は高知本町《ほんまち》の南側にあって、店ではその息子さんが時計などを商っていた。

# 牧野先生と私

佐藤達夫

私と牧野先生とのご縁のはじまりは、大正の中ごろ、たしか私が中学二年のときのことである。私の在学したのは、福岡県久留米の明善校だったが、当時、松田宇三郎という植物に熱心な先生がいて、その影響で、私も植物ずきになった。近郊の山野を熱心に歩きまわって採集を続けているうちに、だんだん名前のわからないものが出てくる。それで、東京の牧野富太郎先生のことを思いつき、先生の教えを乞おうというわけで、いくつかの標本をお送りしたのであった。見も知らぬ田舎の一中学生の質問に、はたして東京の大先生が答えて下さるかどうか、子供ながらにも一まつの懸念をいだきながら、それでも、その返事の来るのを一日千秋の思いで待ったものだ。そこに、先生から親切な教示の手紙が届いた。その感激はたいへんなもので、そのときの白い角封筒は、いまもまぶたに残っている。

余談ながら、その封筒の名宛が、先生一流の端正なかい書で、しかも、「福岡県、久留米市、……町、」というように、いちいち句読点が打ってあった。その後、先生からいただいた手紙やはがきも皆そうだったが、あとで先生にうかがったところでは「その方が郵便局の人たちに見やすいだろうと思ってね」ということであった。それ以来、私も先生をまねて、今日まで、この〝牧野式名あて法〟を実行している。

その後、熊本の旧制五高時代にも、ずっと手紙の御指導を受けていたが、はじめて先生にお目にかかったのは、たしか、三重県教育会の主催で、鈴鹿山脈の湯の山に先生指導の採集会が行なわれたときである。当時、父が名古屋に住んでいて、私も夏休みでそこに帰っていた関係から、これに参加できたのであった。

はじめて、先生にお伴して、その植物に対する情熱にはすっかり圧倒された。私たちの採集行では、ふだん目もくれないようなごく普通の植物にも注意を怠らず、形のいいものに出あうと「これは、ええ標品（先生は標本といわず、いつも〝標品〟といっておられた）になる。ありふれた植物でも、ええ標品はなかなかないものじゃ」と、むさぼるように採集される。樹木の枝を採られる場合などは、その場に立ちどまって、ためつすがめつ、枝ぶりや、花や果実のつきぐあいなどを観察された上で、ハサミを入れられる。先生の標本が、美術的にも学術的にも完全で模範的だということは、内外に定評のあるところだが、その採集ぶりをみて、なるほどと思ったのであった。先生は、宿に帰って採集品を新聞紙にはさんで押される場合でも、決してクズを出されない。すべては、現地でハサミを入れるときに処置ずみということである。

もうひとつ驚いたのは、同じものをたくさん採られることであった。気に入ったとなると、十点ぐらいは普通だ。だから、行程の三分の一もいかないうちに、採集品は胴乱をはみ出してしまう。すると、道ばたに桐油紙（そのころは、ポリエチレンなどという便利なものはなかった）をひろげて、それに包み、そのまま、道ばたに置いて進まれる。道のそここに置かれたそういう包みは、帰りに順次ひろってこられるわけである。この、先生の大量採集は、たぶん外国の学者との交換なども考えられてのことだと思うが、私もそれ以来、たくさん採るくせがついてしまった。しかし、そのうちに、専門家ならいざしらず、アマチュア風情のわれわれがそんなに慾ばることはないという反省が生まれて、その後は、必要最小限度ということに自制してきた。とにかく、はじめてお伴して感じたことは、まさに執念ともいうべき先生の植物に対する情熱であった。

その後、私は、東大に入って、身近に先生の御指導を受けるようになった。先生は、当時植物学教室の講師として毎月一回、学生の野外指導をされていた。私は、畑ちがいの法学部に籍を置いていたけれども、つてを頼って植物学教室出入りの許しを受け、当時助手をしておられた本田正次博士にもお願いして、この実地指導に参加させていただいた。

ちかごろの植物分類学はずいぶん細かく専門がわかれて、キクでも、シダでも、スゲ類でも何でもござれ、というような学者は、数少なくなったが、先生は、少なくとも高等植物については、あらゆる部門についてひろくかつ正確な知識をもっておられ、このような指導にはもってこいの貴重な存在だった。

先生は、そういった該博な学識を背景に、進んで大衆に接触し、その啓発にも、おしみなく力をそそがれた。その一面は、この選集に収録されているような大衆むきの軽妙な著作であり、もうひとつは、アマチュアに対する直接の指導だ。さきに触れた中学生時代の私に対するような指導は、全国各地に散在する地方の研究家に対してあまねく及んでいる。それらの人たちは、その後、それぞれ各地方での有力な指導者に育っているから、そういった面での先生の業績も計り知れないものがあるといわなければならない。

大衆に対する指導の関係で逸することのできないのは、先生主宰の東京植物同好会だ。その会員は、小中学校の先生をはじめ、会社員、医師、薬屋さん、洋品店主、詩人、さては軍人まであらゆる職域に及んでいた。採集会には、夫婦づれ、親子づれで参加する会員も多く、まことになごやかな家族的ふんいきだった。

これも、先生の人がらの致すところであるが、とにかく先生の指導は、まことに懇切、ていねいで、しかもユーモアにあふれていた。小さな坊やが、手あたりしだいに道ばたの若芽や葉っぱをつんで先生のところに持ってくる。普通の先生ならこんな切れっぱしではだめだ――と追っぱらうところだが、牧野先生は、それをいちいち手にとって、ためつすがめつ観察し、ときには、口にかんでみて、「これはすっぱい。スイバのあかちゃんだ」というように教えられる。たとえば、ウバユリがみつかると、先生はそこに立ちどまって、さっそく辻説法だ。「これは、ウバユリ。ユリ科の植物です。むかしは、ユリと同じ属にしていたけれども、いまは別の属になった。この草は、花のころになると、たいてい葉がおちてしまう。葉はつまり〝歯〟で、葉（歯）がないからおばあさん、それで姥《ウバ》ユリというわけです」という調子である。

春の採集会などでニリンソウの群落に出あうと、「これがニリンソウ。花が二つづつ出るから二輪草です」と教えられる。そのうち、「先生、ここには一輪咲きのがありますが、それでもニリンソウですか」と質問がとぶ。「そうです。一輪咲いてもニリンソウ、三輪咲いてもニリンソウ、花がなくてもニリンソウ」——そこで、一同どっとくる、という調子だ。こういうぐあいに、一日ピクニックをたのしみながら、知らずしらず植物に対する知識と愛情を植えつけられてしまうというわけであった。先生のはじめられたこの同好会は、いまも〝牧野植物同好会〟として続いているが、その家族的ふんいきはむかしのとおりである。

おしゃれというのか、何というのか、先生は山に入られるときでも、立襟《たてえり》の固いカラーに蝶ネクタイをきちっと結んでおられた。そのくせ、先生の茶目ぶりたるや一とおりのものではなかった。私のお伴したときの経験だけでも、石の地蔵さんに自分の帽子をかぶせてみるぐらいは、いつものことだったが、昭和のはじめ、青森県恐山で、両手に大きなカサダケを持ち、手拭でほほかぶりをして踊っておられる写真や、羽田穴守稲荷で鳥居をかついで踊っておられる写真などは、いまでも残っていて、往年の先生を偲ばせてくれる。それも例の立襟蝶ネクタイのままだからいっそうほほえましい。エピソードとして私の聞いた傑作は、伊豆大島の三原山で採集会が行なわれたとき、あの噴火口のそばで、突然「では、皆さんサヨウナラ」といって火口に飛び込む身ぶりをされ、皆青くなって引きとめたということだ。先生が、経済的な苦難のなかにありながら、たいへんな長生きをされたというのも、生来の楽天性とともに、つねに、こういった茶目気と童心をもちつづけておられたことが大きな要因になっていたといってよかろう。

先生は、九十四歳で天寿を終えられたが、亡くなられる直前まで、植物に対する情熱を燃やしつづけておられた。病床にありながら、深夜、家人の寝しずまるのを見すまして、書斎に入り、勉強しておられたということだし、ベッドの上でおし葉を作られたり、メモを書かれたりしている。それらの遺品はいまも、牧野庭園に保存されているが、これは、私たち後輩にとって、まことに大きな励ましとなっている。

先生のご病気がいよいよ危険状態に入ると、全国の小中学生からたくさんのお見舞の手紙が寄せられ、また、先生のお宅の前に、小学生たちが頭をたれて全快を祈っている姿を見たという人もあった。牧野先生といえば、押しも押されもしない世界的大学者だったが、その一面、先生ほど大衆に親しまれた学者はない。牧野先生こそは、まさに文字どおり〝庶民のなかに生きた学者〟

であったといえよう。

おわりに、先生の業績を語る以上、どうしても、その身辺での協力者、寿衛子夫人と、息女の鶴代女史に触れないわけにはいかない。先生が寿衛子夫人の内助について、いつも感謝しておられたことは、その文章によっても明らかだが、夫人が亡くなられてからは、代わって鶴代女史が万事お世話を切りもりされていた。ことに、先生が亡くなられたあとのあれこれの処置については、女史一人でさばいていかれた。そのおかげで、東大泉の先生の庭園は、先生が生前各地から収集して植えられた貴重な草木とともに、東京都管理の牧野庭園として一般に公開され、また、何十万点にのぼる標本は、都立大学に新築された牧野標本館に収蔵されている。最後まで残ったのが、ぼう大な蔵書だったが、これも幸いに先生の郷里高知県に引きとられ、高知市郊外の牧野植物園のなかにりっぱな図書室が作られた。

この選集の編集出版も、鶴代女史の大きな協力によることはいうまでもない。女史が第一巻のあとがきに書かれているとおり、出版準備の進行中に、不幸にして入院されたのであったが、ついに、全巻の刊行を見とどけられないまま亡くなられてしまった。第一巻の刊行がその存命中に間にあったことが、私たちにとってせめてものなぐさめといわなければならない。いま、全五巻が完結するにあたり、先生とともに天上にあって、満足の微笑をもらしていただければ幸いだと思う。

# 牧野先生のこと

佐竹義輔

私が東大の植物学科に入ったとき、先生は講師として野外指導を受持っていました。野外へでかけられない冬の間は、教室の石炭ストーブをかこんで植物漫談をするのが例でしたが、それがそのまま随筆になっているものも少なくありません。土佐の方言をまじえた漫談は面白かったのですが、その内容はアカデミックな大学の他の講義とあまりかけ離れているので、卒業した後も、牧野先生って大した学者じゃなさそうだという気持が心の底にあったものです。六十を越した今日、それは若気の誤りであったと自分の思い上りが恥かしく思うようになりました。

猫も杓子も大学をでなければという今日ですが、牧野先生は、学歴といえば小学校、しかも中途退学、あとは独学で勉強して日本植物の記載分類学の基礎をつくられたのです。酒も煙草もたしなまず、「飯よりも女よりも好きな植物と心中する男」と自負した先生は、植物におぼれてしまい、したいことをし、いいたいことをいい、書きたいことを書いて思うがままの人生を過されたのです。大学が先生を不遇に扱い追い出したと憤慨した文がありますが、大学という狭苦しい枠の中におさまっていられない先生でしたから、結局それでよかったのではないかと思います。

われわれ明治生れの者はもとより、先生の生前を知らない現代の若者達でも、この天衣無縫の随筆は多くの共感を呼びおこされるにちがいないと信じます。

# 略年譜

文久二年（一八六二）……………一歳（数え歳）
四月二十四日土佐国高岡郡佐川村西町組一〇一番屋敷に生まる。父佐平、母久寿、幼名、誠太郎。
慶応元年（一八六五）……………………四歳
父佐平死亡。
慶応三年（一八六七）……………………六歳
母久寿死亡。
明治元年（一八六八）……………………七歳
祖父小佐衛門死亡。富太郎と改名。
明治四年（一八七一）…………………一〇歳
佐川町西谷土居謙護の寺子屋に入り、のち同町目細谷伊藤蘭林塾に学ぶ。この頃より植物を採集観察。
明治五年（一八七二）…………………一一歳
藩校名教館に学ぶ。
明治七年（一八七四）…………………一三歳
佐川町に小学校開校。下等一級に入学、文部省編の博物図に学ぶ所多し。
明治八年（一八七五）…………………一四歳
この年小学校退学。
明治十二年（一八七九）………………一八歳
佐川小学校授業生となる。月給三円。
明治十三年（一八八〇）………………一九歳
佐川小学校授業生退職、高知市に出て弘田正郎の五松学舎に学ぶ。永沼小一郎と知りあい、共に植物学を学ぶ。コレラ流行のため佐川町に帰る。
明治十四年（一八八一）………………二〇歳
四月、東京に開催の「第二回内国勧業博覧会」見物を兼ね、顕微鏡、参考書購入のため上京。文部省博物局に田中芳男、小野職愨両氏を訪ね知遇を受ける。五月、日光に採集。六月、箱根、伊吹山等を採集して帰郷。

明治十七年（一八八四）……………………二三歳
七月、二度目の上京、理科大学植物学教室に出入りし、矢田部良吉教授、松村任三助手と相識る。「日本植物志」編纂の志を抱く。

明治十九年（一八八六）……………………二五歳
この年より明治二十三年までの間、東京と郷里佐川町の間をしばしば往復。佐川小学校にオルガンを寄贈し、自ら有志に弾奏法を教える。高知県内と四国各地に採集。

明治二十年（一八八七）……………………二六歳
二月十五日市川延次郎、染谷徳五郎とともに『植物学雑誌』を創刊。五月、祖母浪子死亡。石版印刷屋太田義二の工場に通い石版印刷術を習得。

明治二十一年（一八八八）…………………二七歳
十一月十二日、『日本植物志図篇』第一巻第一集出版。

明治二十二年（一八八九）…………………二八歳
一月、『植物学雑誌』第三巻二十三号に、日本で初めてヤマトグサに学名を命名。

明治二十三年（一八九〇）…………………二九歳
五月十一日、東京府下小岩村でムジナモを発見。小沢寿衛子と結婚。矢田部教授より教室出入を禁止され、ロシア亡命を企てる。

明治二十四年（一八九一）…………………三〇歳
二月十六日、マキシモウィッチ博士死去、ロシア行きの夢破れ、駒場農学科の一室で研究に没頭。五月、『日本植物志図篇』第九集出版。十二月、郷里の家財整理のため帰省。

明治二十五年（一八九二）…………………三一歳
郷里にあって横倉山、石鎚山その他各地に採集。九月、高知県南西部（幡多郡）に採集。高知市にて「高知西洋音楽会」を主宰。

明治二十六年（一八九三）…………………三二歳
一月、長女東京にて死亡、上京。東京帝国大学理科

大学助手となる。月俸十五円。十月、岩手県須川岳に植物採集を行なう。

明治二十九年（一八九六）……………………三五歳

十月、台湾に植物採集のため出張。台北、新竹付近にて一カ月間採集。旧知小藤文次郎博士と再会。十二月、台湾より帰国。

明治三十二年（一八九九）……………………三八歳

『新撰日本植物図説』刊行。

明治三十三年（一九〇〇）……………………三九歳

二月、『大日本植物志』第一集発行さる。

明治三十四年（一九〇一）……………………四〇歳

二月、『日本禾本莎草植物図譜』第一巻第一号出版（敬業社）。五月、『日本羊歯植物図譜』第一巻第一号出版（敬業社）。

明治三十五年（一九〇二）……………………四一歳

東京でソメイヨシノの苗木を買い、郷里佐川に移植。

明治三十九年（一九〇六）……………………四五歳

八月、三好学博士とともに『日本高山植物図譜』上巻刊行（成美堂）。

明治四十年（一九〇七）……………………四六歳

八月、九州阿蘇山に採集。十二月、『植物図鑑』出版（北隆館）。

明治四十一年（一九〇八）……………………四七歳

一月、三好博士とともに『日本高山植物図譜』下巻刊行（成美堂）。

明治四十三年（一九一〇）……………………四九歳

八月、愛知県伊良古崎に採集、帰途名古屋の旅館にて喀血。

明治四十五年（一九一二）……………………五一歳

一月、東京帝国大学理学部講師となる。

大正二年（一九一三）……………………五二歳

四月、佐川町の郷里に帰る。『植物採集及び標本製作』出版（岩波書店）。『植物学講義』三巻出版（中興館）。『増訂草木図説』四巻完成（成美堂）。

大正五年（一九一六）…………………………五五歳
池長孟の好意により経済的危機を脱す。神戸に池長植物研究所を作り標本約三十万点をおく。四月、『植物研究雑誌』を創刊。八月、岡山県新見町方面に採集。

大正八年（一九一九）…………………………五八歳
北海道産オオヤマザクラ苗百本を上野公園に寄贈。六月、『植物研究雑誌』主筆を退く。八月、『雑草の研究と其利用』（入江と共著）出版（白水社）。

大正九年（一九二〇）…………………………五九歳
七月、吉野山に採集。

大正十一年（一九二二）…………………………六一歳
七月、日光において成蹊高等女学校職員生徒に植物採集指導、校長中村春二と知りあい種々支援を受ける。十二月、内務省栄養研究所事務取扱を嘱託さる。

大正十二年（一九二三）…………………………六二歳
三月、願により栄養研究所嘱託を退任。八月、『植物の採集と標品と製作整理』出版（中興館）。九月、関東大震災に遭う。

大正十四年（一九二五）…………………………六四歳
九月十日、根本莞爾とともに『日本植物総覧』初版発行。

大正十五年（一九二六）…………………………六五歳
十月、広島文理科大学にて講義。十一月、大分県因尾村井の内谷に梅の自生地を調査。十二月、東京府下北豊島郡大泉町上土支田五五七に新築居を移す。

昭和二年（一九二七）…………………………六六歳
四月十六日、理学博士の学位を授けらる。八月、秋田県宮川村付近に採集。九月、盛岡市において岩手県小学校教員に植物学を講義。青森県下に採集。十二月、札幌におけるマキシモウィッチ誕生百年記念式典に出席講演。帰途仙台にてスエコザサを発見採集。

昭和三年（一九二八）……………………………六七歳
二月二十三日、寿衛子夫人歿す、享年五十五。三月、『科属検索日本植物誌』（田中と共著）出版（大日本図書）。七月より栃木、新潟、兵庫、岩手等十一県に採集旅行、十一月帰京。

昭和四年（一九二九）……………………………六八歳
九月、早池峰に登山採集。

昭和五年（一九三〇）……………………………六九歳
八月、鳥海山に登山採集。

昭和六年（一九三一）……………………………七〇歳
四月、東京で自動車事故に遭い負傷入院。六月、奈良県宝生寺付近に採集。

昭和七年（一九三二）……………………………七一歳
七月、富士山に登山採集。八月、九州英彦山に採集。十月、『原色野外植物図鑑』第一巻発行（誠文堂）。

昭和八年（一九三三）……………………………七二歳
十月、『原色野外植物図鑑』（全四巻）完成（誠文堂）。

昭和九年（一九三四）……………………………七三歳
七月、奈良県下に採集。八月、高知県において植物採集会指導、高知市付近、横倉山、室戸岬、土佐山村、白髪山、魚梁瀬山等に採集。

昭和十年（一九三五）……………………………七四歳
三月五日、東京放送局より「日本の植物」放送。五月、伊吹山に採集旅行。六月、『趣味の植物採集』発行（三省堂）。山梨県西湖付近に採集。八月、岡山県下に採集旅行。十月、東京府下千歳烏山付近にて採集会指導。

昭和十一年（一九三六）……………………………七五歳
四月、高知県に帰省、郷里で旧友と花見をし、高知会館において歓迎パーティーに出席、「桜の話」を講演。四月、高知市高見山付近で高知博物学会の採集会指導。七月、『随筆草木志』出版（南光社）。十月、東京会館において「不遇の老学者をねぎらう会」に招かる。『牧野植物学全集』全六巻付録一巻完成。

昭和十二年（一九三七）……………………七六歳
一月二十五日、朝日文化賞を受ける。
昭和十三年（一九三八）……………………七七歳
六月、喜寿記念会催され記念品を贈られる。『趣味の草木志』発行（啓文社）。
昭和十四年（一九三九）……………………七八歳
五月二十五日、東京帝国大学理学部講師辞任、勤続四十七年。
昭和十五年（一九四〇）……………………七九歳
七月、宝塚熱帯植物園を訪問。八月、九州各地を採集。『雑草三百種』発行（厚生閣）。九月、豊前犬ヶ岳にて崖より落ち重傷を負い別府にて静養。十二月三十一日、帰京。九月、『牧野日本植物図鑑』発行（北隆館）。
昭和十六年（一九四一）……………………八〇歳
五月、満洲国のサクラ調査のため神戸出帆、約五千点の標本を採集し六月帰朝。六月、民間アカデミー国民学術協会より表彰さる。十一月、安達潮花氏の寄贈により「牧野植物標品館」建設さる。池長研究所に置いた三十万点の標本二十五年目に帰る。十二月八日、大東亜戦争勃発。
昭和十八年（一九四三）……………………八二歳
八月、『植物記』出版（桜井書店）。
昭和十九年（一九四四）……………………八三歳
四月、『続植物記』出版（桜井書店）。
昭和二十年（一九四五）……………………八四歳
四月、敵機の至近弾により牧野標本館の一部破壊さる。五月、山梨県北巨摩郡穂坂村に疎開。八月十五日、大東亜戦争終戦。十月、帰京。
昭和二十一年（一九四六）……………………八五歳
五月、『牧野植物混混録』第一号発行（十号まで鎌倉書房、のち北隆館）。
昭和二十二年（一九四七）……………………八六歳
六月、『牧野植物随筆』出版（鎌倉書房）。
昭和二十三年（一九四八）……………………八七歳
七月、『趣味の植物誌』出版（壮文社）。『続牧野植物随筆』出版（鎌倉書房）。十月、皇居に参内、天皇陛下に植物御進講。

昭和二十四年（一九四九）……………………八八歳
四月、『日本植物図鑑』学生版出版（北隆館）。『植物研究雑誌』第二十四巻（牧野先生米寿祝賀記念号）発行。六月、大腸カタルにて危篤となるが奇蹟的に回復。『植物学雑誌』六十二巻七二九―七三〇号を牧野博士米寿記念号として、会長小倉博士の祝辞掲げらる。

昭和二十五年（一九五〇）……………………八九歳
五月、『図説普通植物検索表』出版（千代田出版社）。十月、日本学士院会員に推選さる。

昭和二十六年（一九五一）……………………九〇歳
一月、文部省に「牧野富太郎博士植物標本保存委員会」設置さる。七月、朝比奈泰彦博士委員長となり標本の整理始まる。七月、第一回文化功労者として文化年金五十万円を受ける。

昭和二十七年（一九五二）……………………九一歳
郷里高知県佐川町旧邸址に「牧野富太郎博士誕生の地」の記念碑建設さる。

昭和二十八年（一九五三）……………………九二歳
一月、『原色少年植物図鑑』出版（北隆館）。一月、老人性気管支炎にて重態となるが回復。七月、『植物学名辞典』（清水と共著）出版（和田書店）。十月、東京都名誉都民に推さる。十月、山本和夫著『植物界の至宝牧野富太郎』出版さる（ポプラ社）。

昭和二十九年（一九五四）……………………九三歳
五月、『学生版原色植物図鑑』（野外植物篇）出版（北隆館）。十二月、同・園芸植物篇出版（北隆館）。十二月、寒冒より肺炎となり臥床静養。

昭和三十年（一九五五）……………………九四歳
四月、前年暮より臥床のまま九十三回目の誕生日を迎える。床中にて原色植物図譜の完成を急ぐ。四月、中村浩著『牧野富太郎』出版さる（金子書房）。十一月、上村登著『牧野富太郎伝』出版さる（六月社）。

昭和三十一年（一九五六）……………………九五歳
一月、『牧野植物一家言』出版（北隆館）。七月七日、重態に陥入るが、奇蹟的に回復。九月、東京都開都五百年事業の一つとして牧野標本記念館の設置に乗り出す。十月十三日、急性腎臓炎のため病状再び悪化。十一月、『草木とともに』出版（ダヴィッド社）。十二月、『牧野富太郎自叙伝』出版（長島書房）。高知県佐川町の名誉町民となる。
昭和三十二年（一九五七）……………………九六歳
ほとんど食物を口にせず驚異的な生命力の強さにより危篤状態のまま新年を迎える。一月十八日午前三時四十三分死去。十一月、文化勲章授与さる。

# 牧野富太郎選集　全巻内容

## 第一巻

思い出すままに　……（昭和三一年『草木とともに』）

## 私の信条



## 自然とともに

## 第二巻

### 春の草木

## 万葉の草木



# 第三巻

## 講演再録



## さまざまな樹木

丁子か丁字か ……（同）
護摩木 ……（同）
苦木は漢名ではない ……（同）
橿はカシではない ……（昭和二三年『続牧野植物随筆』）
ブドウ（葡萄） ……（昭和一八年『植物記』）
ハゼノキの真物 ……（『続植物記』）
アコウは榕樹ではない ……（同）
椰子を古々椰子と称する必要なし ……（同）
風に翻える梧桐の実 ……（昭和三一年『植物学九十年』）
ナンジャモンジャの木
……（昭和三一年『草木とともに』）
茱萸はグミではない
……（ここより昭和二八年『植物一日一題』）
パンヤ
日本で最大の南天材
根笹
サネカズラ
日本のシュロは支那の棕櫚とは違う

ノイバラの実を営実というわけ
ゴンズイと名づけたわけ
楡は日本のニレではない
於多福グルミ
製紙用のガンピ
種子から生えた孟宗竹の藪
孟宗竹の支那名
サンドグリ、シバグリ、カチグリ、ハコグリ
無憂花とはどんな植物か
無花果の果
イチョウの精虫
茶樹の花序についての私の発見
茶の銘玉露の由来
御会式桜
寺院にある贋の菩提樹
日本のバショウは芭蕉の真物ではない
高野山の蛇柳
わが国栽植のギョリュウ ……（以上『植物一日一題』）

## 第四巻

### 植物随想　I

## ル



## レ



## ロ



## ワ

ラ



リ

## ユ



## ヨ

## モ



## ヤ

## ム



## メ

## マ



## ミ

ホ

## フ



## ヘ

## ヒ

## ハ

ヌ



ネ



ノ

## ナ



## ニ

## テ



## ト

ツ

## チ

## ソ



## タ

## セ

## ス

## シ

## サ

## ケ



## コ

## ク

## カ

オ

## ウ



## エ

## イ

# 索引

・初版の索引項目に対し植物名を中心に数を絞り、新たに作成した。
・原則として、索引項目名のカナ・漢字の表記等は、初版に準じた。本文中で表記が合致するページを掲載したが、ひらがな等異なる表記であっても内容を判断のうえ取り上げたものもある。

## ア

## 編集付記

一、本書は一九七〇年に小社より刊行された『牧野富太郎選集　第五巻』を復刻し、副題を加えたものである。
一、明らかな誤記・誤植と思われるものは適宜訂正した。
一、一部、個人情報にかかる内容等については削除した。
一、読みやすくするために、原則として新字・正字を採用し、一部の漢字を仮名に改めた。
一、今日の人権意識や歴史認識に照らして不適切と思われる表現があるが、執筆時の時代背景を考慮し、作風を尊重するため原文のままとした。

[著者略歴]
牧野富太郎〈まきの・とみたろう〉　　文久２年(1862)〜昭和32年(1957)

植物学者。高知県佐川町の豊かな酒造家兼雑貨商に生まる。小学校中退。幼い頃より植物に親しみ独力で植物学にとり組む。明治26年帝大植物学教室助手、後講師となるが、学歴と強い進取的気質が固陋な周囲の空気に受け入れられず、昭和14年講師のまま退職。貧困や様々な苦難の中に「日本植物志」、「牧野日本植物図鑑」その他多くの「植物随筆」などを著わし、又植物知識の普及に努めた。生涯に発見した新種500種、新命名の植物2,500種に及ぶ植物分類学の世界的権威。昭和26年文化功労者、同32年死後文化勲章を受ける。　（初版時掲載文）

テキスト入力　東京デジタル株式会社
校　正　ディクション株式会社
組　版　株式会社デザインフォリオ

牧《まき》野《の》富《とみ》太《た》郎《ろう》選集《せんしゅう》5　植物《しょくぶつ》一日《いちにち》一題《いちだい》

2023年4月24日　初版第１刷発行

著　者　牧野富太郎
編　者　牧野鶴代
発行者　永澤順司
発行所　株式会社東京美術
〒170 - 0011
東京都豊島区池袋本町3- 31-15
電話 03（5391）9031
FAX 03（3982）3295
https: //www.tokyo-bijutsu.co.jp

印刷・製本　シナノ印刷株式会社

乱丁・落丁はお取り替えいたします
定価はカバーに表示しています



ISBN978-4-8087-1275-4 C0095

# 牧野富太郎選集 全5巻

人生を植物研究に捧げた牧野富太郎博士
ユーモアたっぷりに植物のすべてを語りつくしたエッセイ集

1 植物と心中する男

「植物の世界は研究すればするほど面白いことだらけです」。自伝や信条を中心に博士の人柄がにじみ出た内容満載。

2 春の草木と万葉の草木

「私はこの楽しみを世人に分かちたい」。桜や梅など春を代表する草花と、『万葉集』の草木にまつわる話を紹介。

3 樹木いろいろ

「まず第一番にはその草木の名前を覚えないと興味が出ない」。講演録とイチョウや菩提樹など樹木のエッセイを掲載。

4 随筆草木志

「蓮根と呼んで食用に供する部分は、これは決して根ではありません」。大根やキャベツなど食べられる植物も登場。

5 植物一日一題

「淡紅色を呈してすこぶる美麗である」。悪茄子、狐の剃刀、麝香草など植物の奥深さが縦横無尽に語られる。